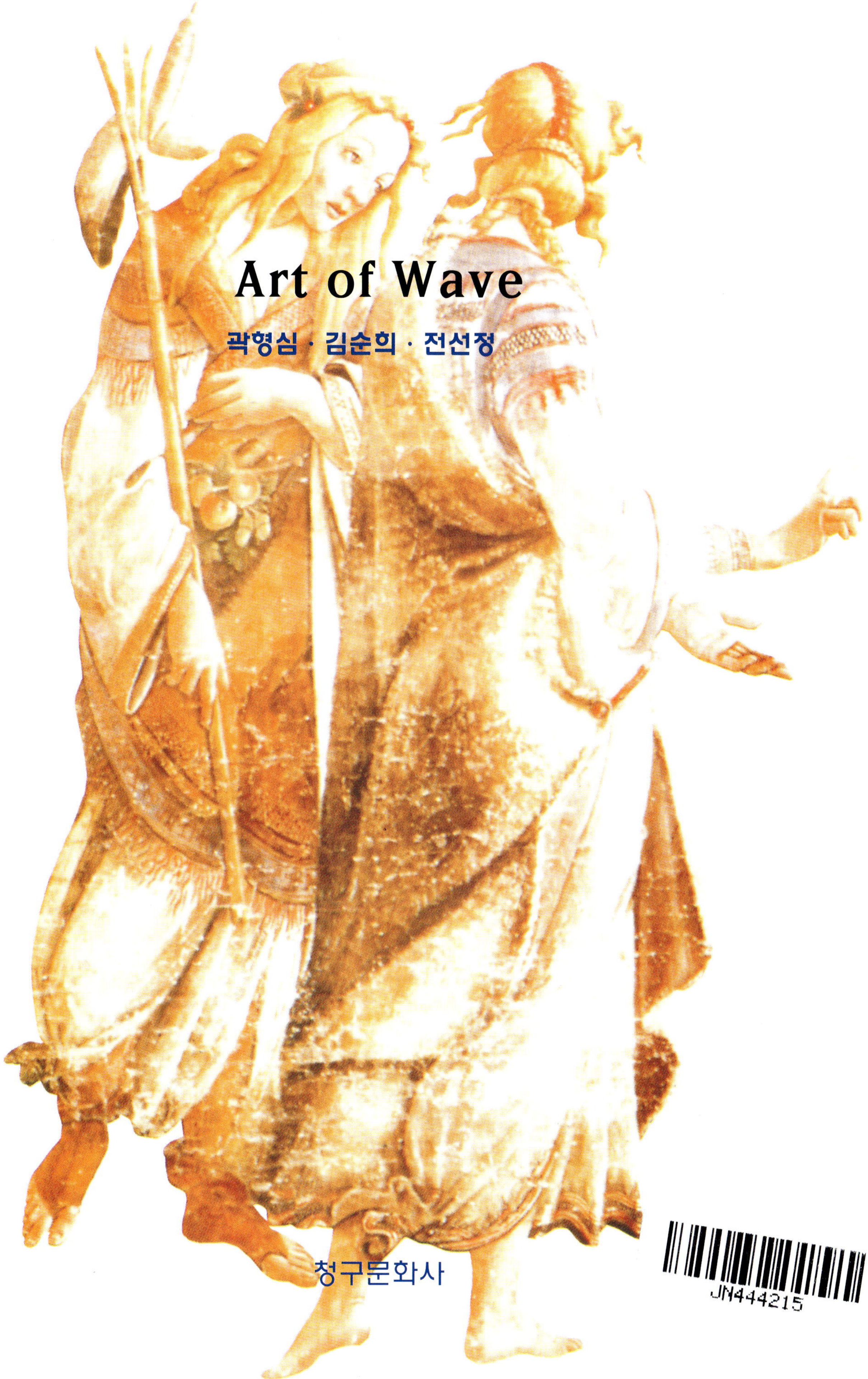

Art of Wave

곽형심 · 김순희 · 전선정

청구문화사

머리말

새 천년과 21세기를 동시에 맞이하게 되면서, 무엇보다도 사회의 모든 분야에 걸친 대변혁의 시대가 예고되고 있는 가운데, 전반적으로 매우 갑작스럽게 전문화되고 특성화되어 가고 있다. 따라서 우리가 몸담고 있는 미용분야도 역시 전문화 · 특성화가 요구되고 있으며, 이에 부응할 수 있는 창의적인 전문미용인을 양성하기 위한 각 대학의 교육목표와 전문교육이 이루어질 수 있는 적절한 학습 도구의 필요함이 절실하게 증대되고 있는 실정이다.

이러한 시대적인 흐름과 요구에 맞추어 미용기술의 전문성과 특수성을 더욱 부각시키고, 현시대에 맞는 다양한 테크닉을 자유자재로 표출할 수 있는 능력을 지닌 전문인을 배출시키기 위해서는, 무엇보다도 미용기술 중에서도 대중성이 가장 큰 퍼머넨트 웨이브의 창의성을 개발할 수 있는 응용력 함양에 중심을 두어야 한다는 생각에서, 이제까지의 전형적이 아닌 다양한 웨이브의 변형에 의한 개성화 된 예술성을 배양시키고자 본서를 출간하게 되었다.

최선을 다하였으나 정리를 끝내고 보니 아쉽고 부족한 부분들이 많음을 절감하게 된다. 이러한 점들은 앞으로 여러 선배제현들의 지도편달을 받아 수시로 수정 · 보완해 나갈 것을 다짐하며, 부디 이 작은 책자가 저자들의 바램처럼 학생들이 퍼머넨트 웨이브 이론과 고도의 응용기술을 습득하여 21세기 미의 선도자로서 미래 사회가 요구하는 기술 경쟁력을 갖춘 전문미용인이 되는데 도움이 되었으면 한다.

끝으로 본서가 출간될 수 있도록 기회를 마련해 주신 황희순 선생님께 이 자리를 빌어 감사드리며, 아름다운 표지 디자인을 해주신 마니아 연구소의 구본미 선생님과 출판을 맡아 애써 주신 靑丘文化社 李相泰 사장님과 직원 여러분들께 진심으로 감사를 드린다.

새 천년 새 아침

저자 일동

La Belle Simonetta

Art of Wave

차례

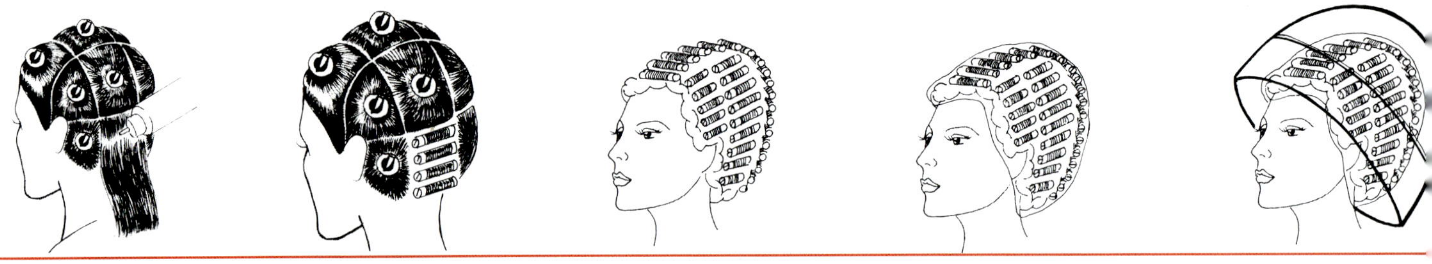

3. 퍼머넌트 웨이브 시술과정 / 113

4. 퍼머넌트 웨이브가 잘 형성되지 않은 경우의 원인 / 130

5. 퍼머넌트 웨이브 시술후 모발 및 두피의 이상현상 / 132

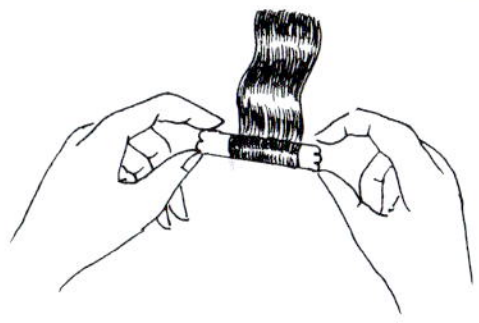

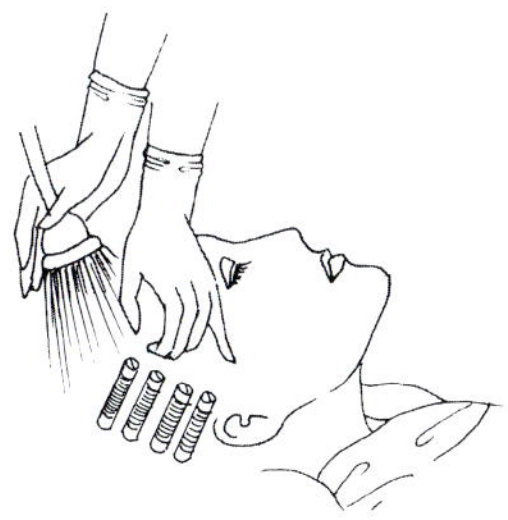

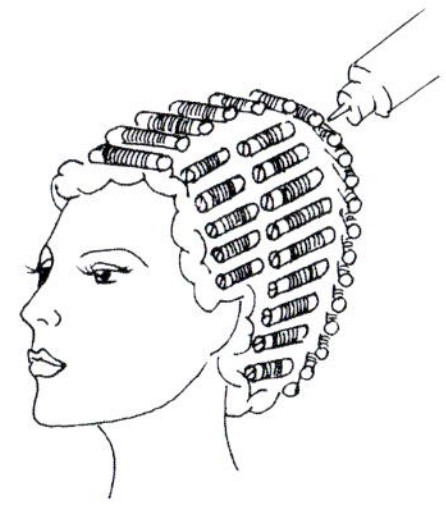

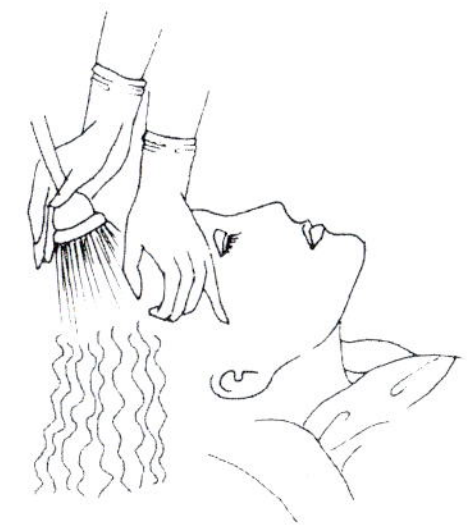

Ⅰ. 모발의 이해

1. 모발의 생성 및 구조적인 특성
2. 모발의 생성에 영향을 주는 요인
3. 모발의 화학적인 특성
4. 모발의 물리적인 특성
5. 모발의 손상에 영향을 주는 요인

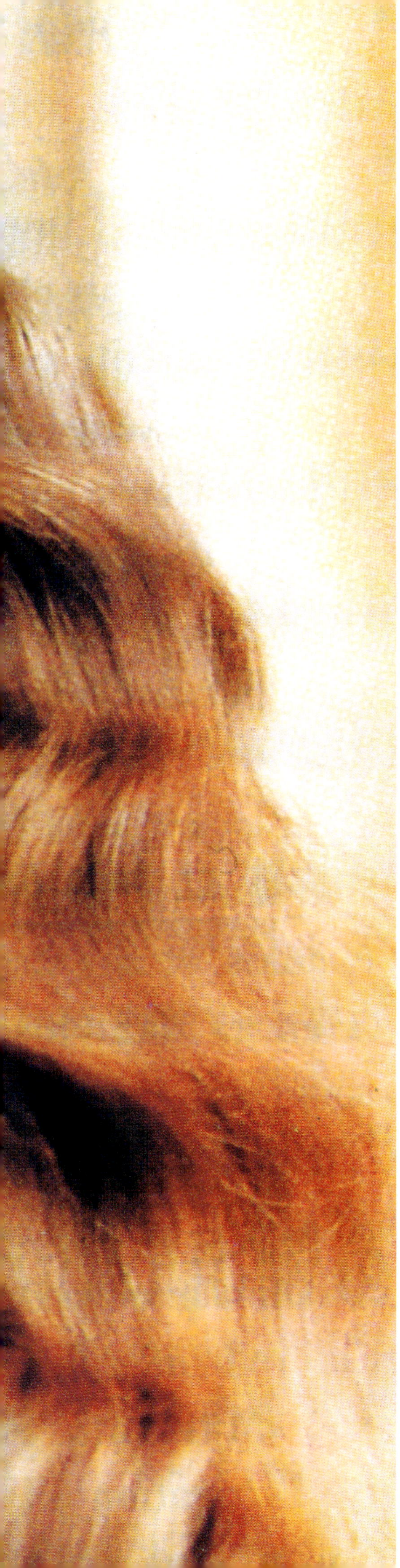

Ⅰ. 모발의 이해

모발은 특수한 섬유상 각화단백질(keratin)의 한 형태로서 두상을 추위로부터 보호해 주며 외부의 충격이나 자극에 대해 완충역할을 해 줄 뿐만 아니라 자외선으로부터 두피의 손상을 막아 준다. 또한 인간에게 있어서 모발은 중요한 장식의 기능으로서 역할을 하는데 헤어스타일이 개인의 이미지 표출에 상당한 영향을 미치기 때문이다.

1. 모발의 생성 및 구조적인 특성

1) 모발의 발생

모발의 생성은 표피가 함몰되어 만들어진 모낭(follicle)의 하부구조인 모구(bulb)의 모모세포(keratinocyte)에서 시작된다. 우선 표피에서 움푹 패이기 시작하여 점차 진피로 깊어져서 성숙한 형태로 모낭이 발달한 후 정상적인 모발 상태의 유지를 위해 필수적인 유분을 분비하는 피지선이 형성되며, 모낭과 피지선이 형성된 다음 표피밑층 모낭 벽에 붙어 있는 기모근(arrector pili muscle)이 형성된다. 마지막으로 모발의 유일한 진피 구성요소인 모유두(papilla)가 모낭 하부에 형성되며, 모세혈관이 접하고 있어 많은 영양분이 모모세포에 전해지고 세포분열에 의해 새로운 모발을 생성한다. 이들은 성장에 의한 압력에 의하여 모공의 방향에 따라 위로 향하여 뻗어 나아가며, 모모세포의 분열이 일어나는 영역에 따라 각기 다른 형태의 각질화(keratinization)과정을 겪게된다.

모발은 모유두가 없으면 생성되지 않으며, 모유두의 수는 태어날 때 결정되므로 그 수가 감소하면 할수록 모발의 수도 감소하게 된다.

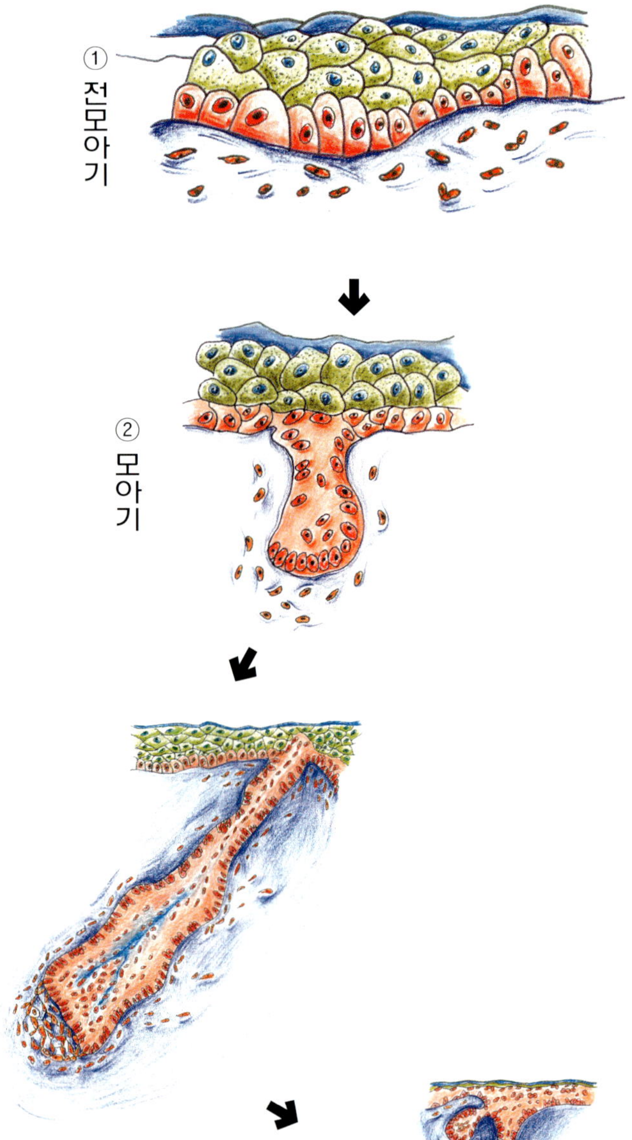

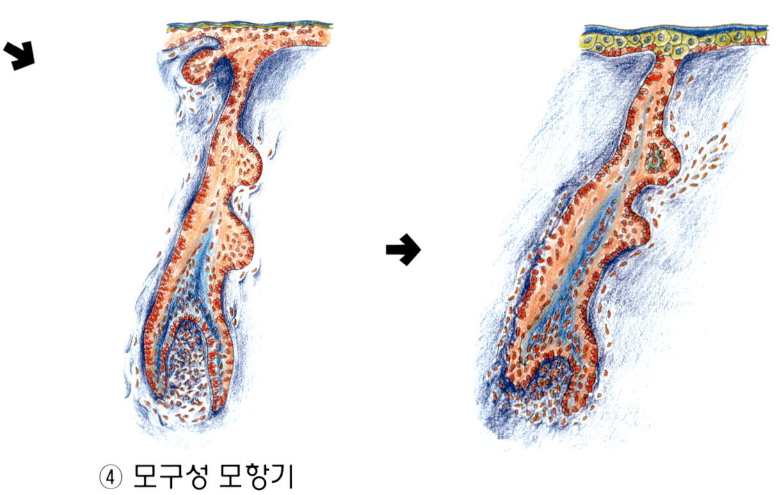

그림 1-1 모발의 발생

2) 모발의 생장주기

각각의 모발은 보통 3~6년의 평균 수명(hair cycle : 모주기)이 있어 자연스럽게 탈모 현상을 겪는다. 이러한 현상은 1년 4계절을 통해 이루어지는 것으로 모발이 생성되어 활발하게 성장하는 단계인 성장기(anagen)와 성장이 차츰 느려지는 퇴화기(catagen)를 거쳐 모발이 성장을 멈추고 결국은 두피로부터 탈락되는 휴지기(telogen)의 생장주기를 갖게 된다. 그러나 동일한 모주기가 일정하게 반복되는 것은 아니고 병, 유전, 체질, 연령 등 상황에 따라 달라진다. 신생아의 경우에는 전체 모발의 90% 이상이 성장기모발이며, 사춘기를 지나면서부터 모발의 성장능력은 점차 쇠퇴해져 간다. 성인의 모발에서는 성장기모발 85%, 휴지기모발 14%, 퇴행기모발 1%로 구성된다. 일반적으로 여자가 남자보다 모발의 성장률이 높으며, 전체 모발에 대한 성장기모발의 분포비율도 높다.

(1) **성장기**(anagen)

모모세포가 모유두에 접해있는 모세혈관으로부터 영양을 공급 받아 활발한 세포분열을 일으켜 새로운 모발이 생성되어 성장하는 단계이다. 건강 상태나 연령에 따라 약간의 차이는 있지만 대체로 이 시기는 대략 3~6년으로 남성은 3~5년, 여성은 4~6년 정도이며, 전체모발의 80~90%를 차지한다. 성장기단계에서 모발은 한 달에 1~1.5㎝정도 자라며, 영양상태, 호르몬, 비타민, 질병, 연령 등에 의해 변화될 수 있다.

(2) **퇴화기**(catagen)

성장기에서 휴지기로 넘어가는 중간단계로 세포분열이 정지되어 성장속도가 느려지고, 모발 케라틴(keratin)을 만들어 내지 않는 단계이다. 모구부가 수축되어 모유두로부터 분리되며 낡은 모발은 모낭에 둘러싸여 위쪽으로 올라간다. 퇴화기의 수명은 대략 2~4주 정도이며, 전체 모발의 약 1%를 차지한다.

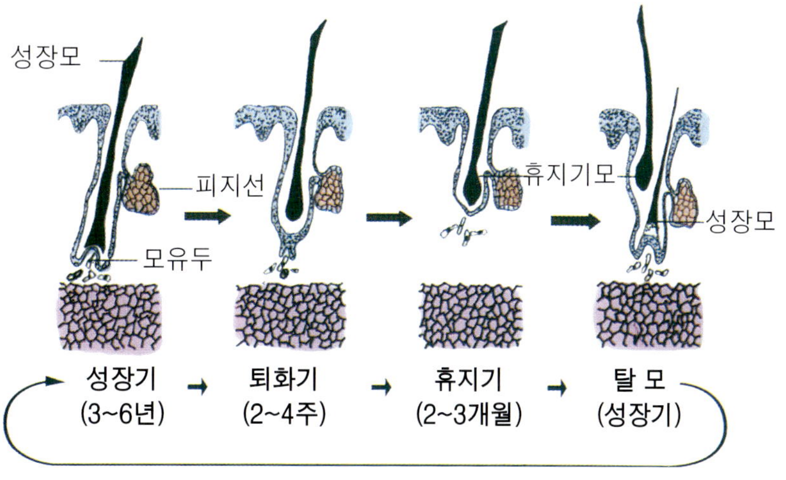

그림 1-2 모발의 생장주기

(3) 휴지기(telogen)

모발을 성장시키는 모구부분의 세포분열이 멈추고 모근과 모유두의 결합이 느슨해지면서 모유두의 활동이 일시 정지되어 모발이 빠지게 되는 시기를 말한다. 휴지기가 되면 즉시 모발이 빠지는 것이 아니라 한동안 두피에 남아 있는데 이 시기는 대략 2~4개월 정도이다. 전체 모발의 약 4~14%에 해당되며(분만후 약 30~40%), 이 시기의 모발은 새로 생성된 모발에 의해 위로 밀려 탈락되거나 강한 브러싱, 미용시술 등으로 쉽게 탈락된다.

3) 모발의 형태

모발의 형태에는 직모(straight hair)와 약간의 웨이브가 있는 곡모(wavy hair) 그리고 강하게 웨이브진 축모(curly hair) 등이 있다.

모발 횡단면의 최소직경을 최대직경으로 나누어 100이 되는 수치를 모경지수라 하고, 작아질수록 타원형에서 납작한 형태로 되는데 동양인의 경우 75~85로서 원형에 가깝고, 흑인은 50~60으로 납작한 형태이다.

$$\text{모경지수} = \frac{\text{모발의 최소직경}}{\text{모발의 최대직경}} \times 100$$

직모는 모발단면의 모양이 둥글고 모낭이 피부표면으로부터 직선상으로 비스듬히 세워져 있다. 곡모는 모발단면의 모양이 타원형으로 되어 있고 모낭이 곡선형태이며 축모의 모발단면은 납작한 모양으로 되어 있고 모낭은 곡모보다 더 굽어진 형태이다.

그림 1-3 모발의 종류에 따른 모발의 단면과 모낭의 형태

4) 모발의 구조

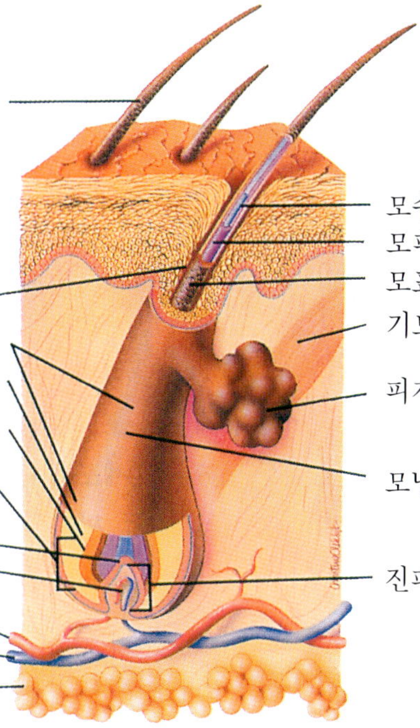

그림 1-4 모근부의 구조

(1) 모근 (root of hair)

작고 긴 관 모양을 한 모낭이 움푹 들어가 있으며, 모근은 모낭에 둘러싸여 있다. 모낭은 모근을 직접 싸는 상피성 모낭과 그것을 바깥쪽에서 싸는 결합조직성모낭으로 나누어진다. 모근의 가장 밑부분은 둥글게 부풀어 있고 연한 색을 띠는데 이곳을 모구라고 한다. 모근은 모낭이 싸고 있으며 모구의 아랫부분에는 결합조직성의 모유두(papilla)가 있다. 모유두에는 많은 혈관이 분포하고 있어 새로운 세포의 형성에 영양을 공급한다. 모발은 피부표면에 비스듬히 나며, 모낭에는 기모근(arrector pili muscle)이 연결되어 있어 추위와 공포를 느끼면 수축되어 털을 세우게 되고, 많은 신경섬유가 분포하고 있어 촉각 기능을 갖는다. 눈썹, 속눈썹, 겨드랑이 털 등에는 기모근이 존재하지 않는다. 또한 표피와 기모근 사이에는 피지선(sebaceous gland)이 있는데, 그 도관은 모낭에 연결되어 있어 있어 피지를 배출하며, 한선(sweet gland)에서 분비된 땀과 혼합되어 피부표면에 얇은 산성막을 형성함으로써 피부의 보습과 미생물로부터의 방어기능을 갖도록 한다.

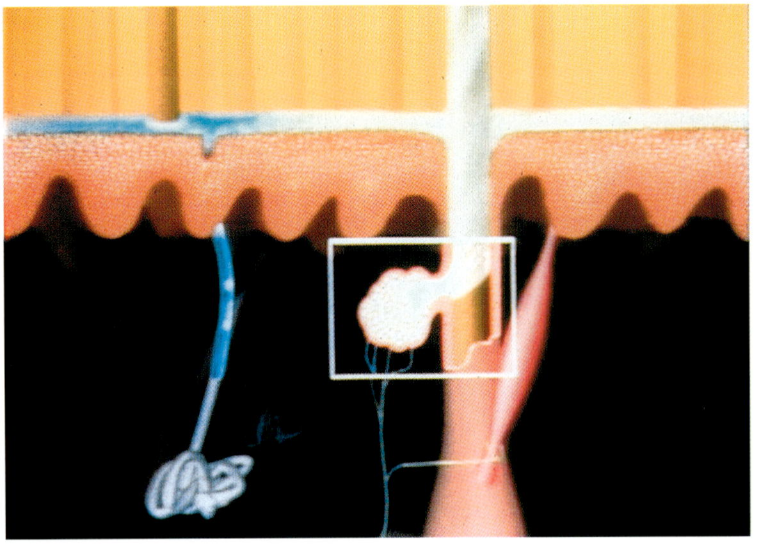

그림 1-5 산성막의 형성

(2) 모간(hair shaft)

모발의 대부분을 차지하고 있는 모간의 단면을 잘라서 관찰해보면 크게 3개층으로 구성되어 있는데 바깥 층에서부터 모표피(cuticle), 모피질(cortex), 모수질(medulla)로 구성되어 있다.

① 모표피(cuticle)

모발의 가장 바깥 층으로 케라틴이라는 경단백질로 구성되어 있으며, 외부의 자극으로부터 모발의 내부를 보호해주고 습윤성, 광택 등 모발의 건강도를 좌우한다.

인종과 개인에 따라 5~15층의 투명하고 엷은 세포가 마치 어류의 비늘모양으로 겹쳐져 있어 모발 특유의 모양을 하고 있으며, 건강모는 비늘 상태가 규칙적으로 겹쳐져 있으므로 광택이 있고 단단해 보이며 외부의 자극에도 손상을 적게 받게 된다. 모발이 손상되었다고 하는 의미는 바로 이 모표피층이 손상된 것을 의미하며 한번 손상된 모발은 스스로의 재생능력이 없다.

퍼머넨트 웨이브 시술은 모피질의 화학적 구조에 변형을 가져와 영구적인 웨이브를 얻는 것으로 퍼머넨트 웨이브제가 내부의 모피질에 침투하기 위해선 모표피층을 통과해야만 한다. 환원제의 화학적인 원리를 이용하여 중첩되어 있는 모표피의 엑소큐티클과 세포막 복합체의 미세한 틈이 팽윤 연화되어 커지면 보다 큰 분자도 침투할 수 있게 된다.

모표피는 가장 외측으로부터 에피큐티클(epicuticle), 엑소큐티클(exocuticle), 엔도큐티클(endocuticle)이라 부르는 3개의 층으로 되어 있다.

a) 에피큐티클(epicuticle)

두께 10mμ 정도의 얇은 막으로 수증기는 통하지만 물은 통과하지 못한다. 다당류, 단백질 등이 견고하게 결합되어 있는 것으로 산소와 화학약품에 대한 저항이 가장 강한 층이나 기계적인 작용을 받아 손상되기 쉽다.

b) 엑소큐티클(exocuticle)

연한 케라틴질의 층으로 시스틴이 많이 포함되어 있고, 퍼머넌트웨이브제와 같은 시스틴 결합을 절단하는 약품의 작용을 받기 쉬운 층이다.

c) 엔도큐티클(endocuticle)

시스틴 함유량이 적기 때문에 케라틴 침식성 약품에 대한 저항력이 강하며, 이 층의 내측면은 양면접착 테이프와 같은 층(세포막 복합체)으로 인접한 모표피를 밀착시키고 있다.

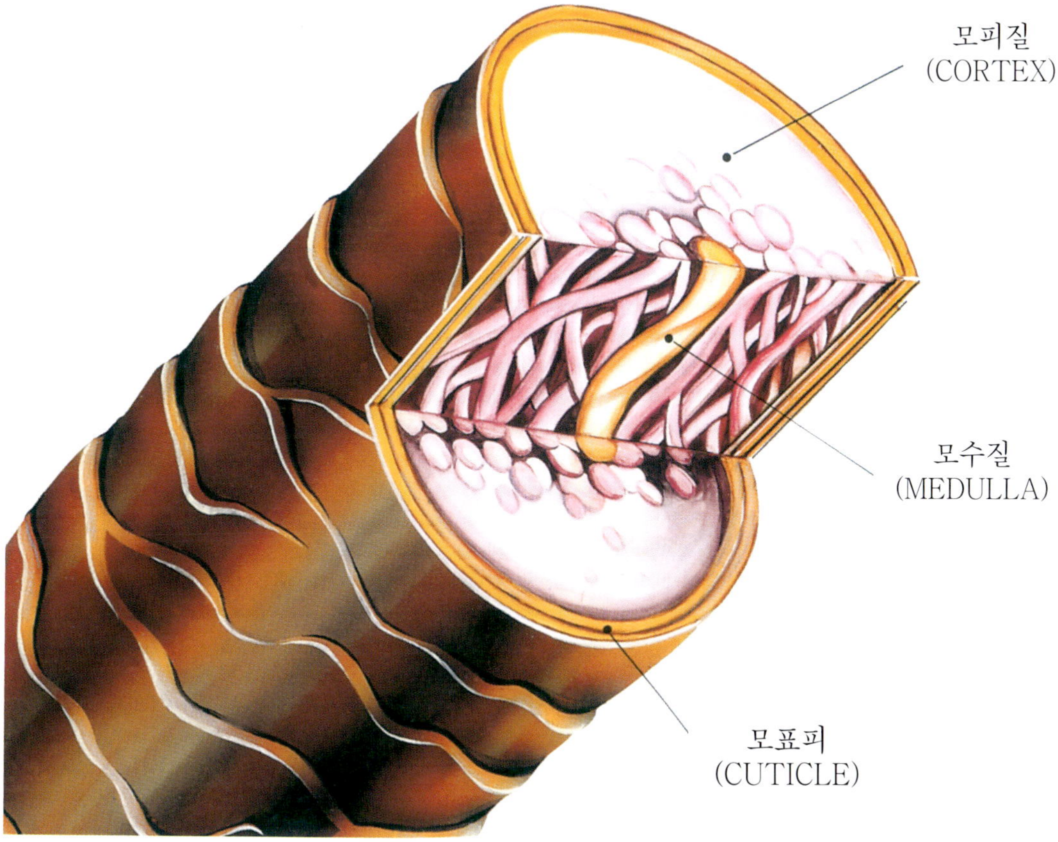

그림 1-6 모발의 구조

② 모피질(cortex)

각질화변성이 모수질보다 더 진행된 부위로서 모수질과 모표피 사이에 섬유 모양으로 되어 있고, 모발 면적의 75~90%를 차지하고 있다. 모피질층에는 방추형의 세포가 세로로 나열되어 있으며, 세포속에는 다량의 색소과립 즉 멜라닌을 함유하고 있어 모발의 색을 결정해준다.

모피질은 결정영역인 피질세포와 비결정영역인 세포간 결합물질로 구성되어 있다.

a) 결정영역(피질세포)

긴 폴리펩티드 결합이 규칙적으로 배열되어 있고 수소결합이 강하게 되어 있는 부분으로 화학반응을 일으키기 쉬운 영역을 말한다. 피질세포는 길이 80~100μ, 폭 2~5μ, 두께 1.2~1.6μ로 소량의 멜라닌 색소를 함유하고 중앙에 매크로 피브릴(macro fibril)이라 불리는 방추형을 한 섬유상 구조와 핵의 잔사, 색소 과립으로 되어 있다. 핵의 잔사는 세포의 중심 부근에 있는 가늘고 긴 공동이다. 색소과립은 직경 약 0.2~0.8μ 내의 둥글거나 구상의 입자로 피질세포 사이에 분산되어 있다.

b) 비결정영역(간충물질)

짧은 코일상의 고분자가 불규칙적이며, 복잡한 상태의 배열로 되어 있는 부분으로 간충물질(matrix)이라고도 부르며 매크로 피브릴은 마이크로 피브릴(micro fibril)과 간충물질로 되어 있다. 이 간충물질은 손상을 받기 쉽기 때문에 모발손상의 최대원인이 되는 부분이다.

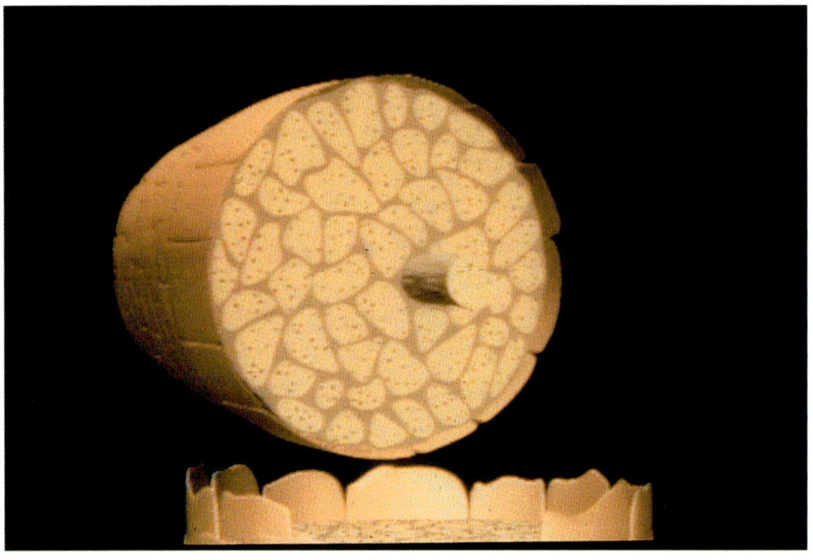

그림 1-7 모피질의 구조

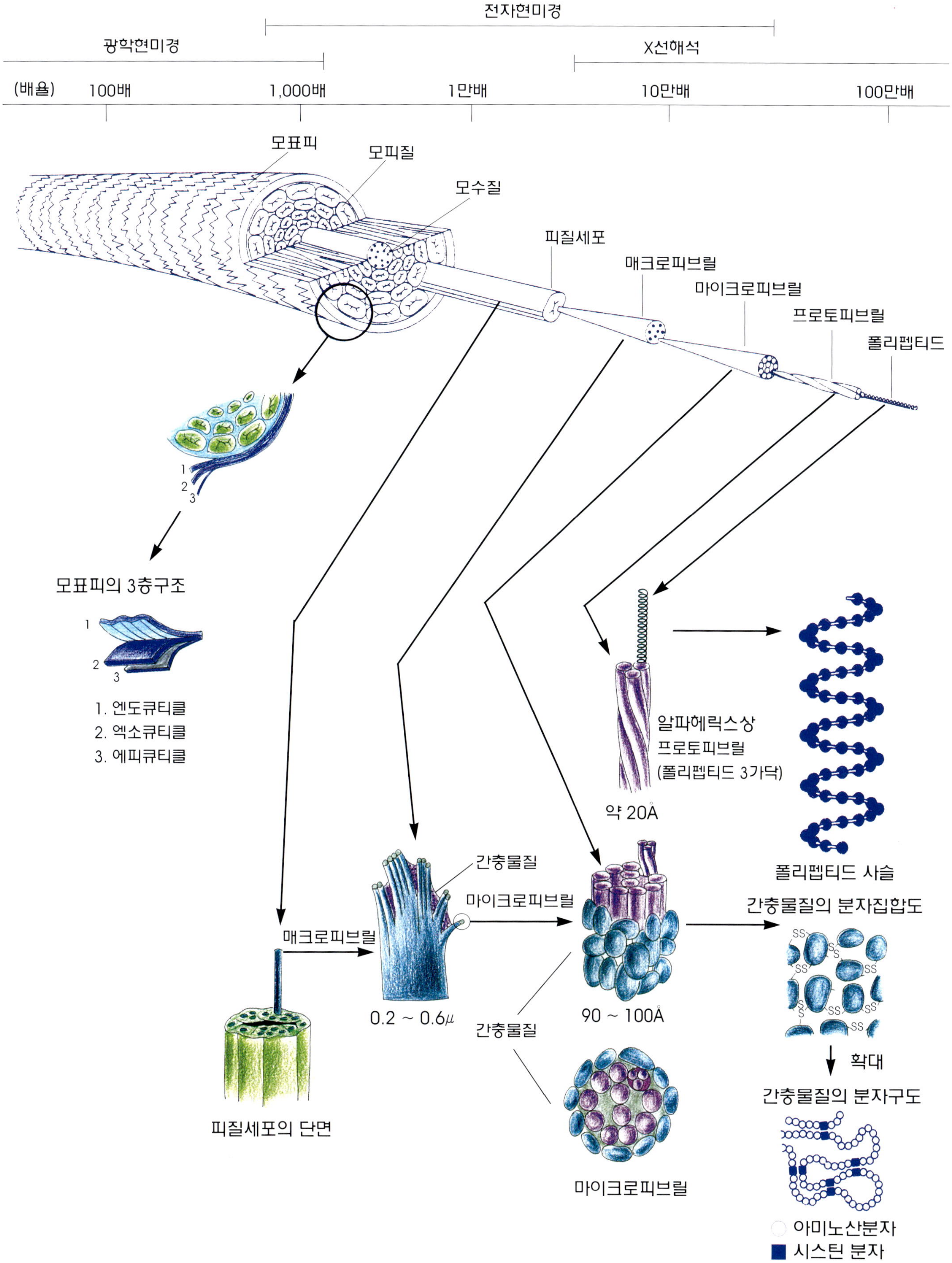

그림 1-8 모발의 미세구조

③ 모수질(medulla)

모발의 중심부위로서 내부에는 벌집모양을 한 여러 개의 공포(空砲)가 있으며, 그 속에는 공기가 들어 있고, 공기의 양이 많으면 많을수록 모발에 광택을 준다. 모수질층은 아주 가는 모발(연모)에는 존재하지 않으며 대개 굵은 모발(경모)에만 존재한다.

모수질이 많은 모발이 퍼머넨트 웨이브가 잘되는 경향이 있는데 이것은 모발의 표면으로부터 중심부를 향해 퍼머넨트 웨이브제가 침투하는 사이에 화학제의 성분이 약화되어 중심부에 도달되면 거의 못 쓰게 된 용제에 가까운 것이 되며, 모수질은 그 폐액의 배수구와 같은 역할을 하기 때문이다. 즉 새로운 퍼머넨트 웨이브제가 모발표면으로부터 내부로 향해 계속 침투하므로써 퍼머넨트 웨이브제로서의 작용이 강하게 되어 유연하게 중심부가 비어 있는 만큼 웨이브가 형성되기 쉬운 상태가 된다. 그러나 모수질의 성분, 기능 등은 충분하게 해명되지 않고 있다.

5) 모발의 색

멜라닌은 모발에 자연색을 갖도록 하며, 외인성의 빛에너지를 분해하여 모피질 속으로 유해물질이 유입하지 못하도록 중화시키고 막아주는 역할을 한다.

모발의 자연색은 모발 중에 함유되어 있는 멜라닌 색소의 형태뿐만 아니라 양과 분포상태에 따라 다르며, 피부에 자연색을 갖게 하는 피부 멜라닌 색소와 동일하다. 모발의 색소구성은 2가지 유형의 멜라닌에 의해 기인하며 유전적인 요인이 크다.

그림 1-9 모발의 색

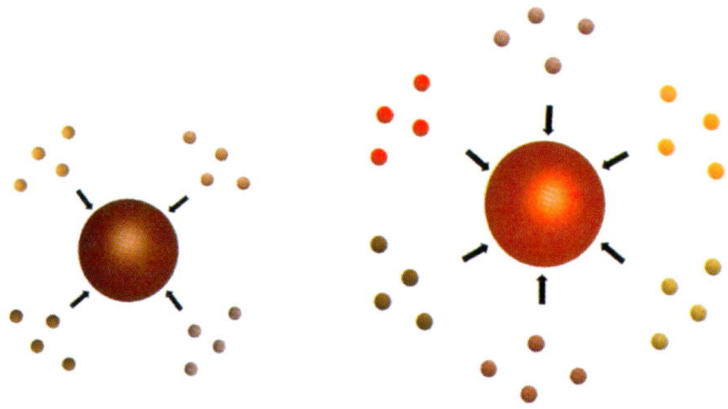

(1) 멜라닌색소의 형성

멜라닌은 모유두 주변에 분포하는 멜라노사이트(melanocyte)라는 색소세포에서 만들어지며, 모발의 대부분을 차지하는 모피질에 많이 분포되어 모발의 색을 구성하고 있다. 멜라노사이트는 주위에 돌기를 가진 세포로 티로시나아제(tyrosinase)라고 하는 산화효소를 많이 함유한 적혈구에 의해 옮겨진 티로신(tyrosine)이라 하는 아미노산을 변화시켜 멜라닌 색소과립을 만든다.

뇌하수체에서 색소세포자극호르몬이 분비되면 멜라노사이트내의 티로시나아제가 티로신을 산화 중합해 DOPA(dyhidroxy phenylalanine)를 만들고 중합을 거듭해서 DOPA-chrome을 지나 멜라닌 과립을 만든다. 멜라닌은 멜라노사이트 돌기부 끝에서 방출되어 단백질과 결합하고 이들은 모발이 각화하기 전에 세포내로 들어가 성장해 간다.

(2) 멜라닌 색소의 유형

모발의 자연색이 어떤 것이든 추출된 멜라닌은 갈색이고 인종에 따라 양은 크게 다르며, 덜 농축된 노르스름한 색에서 아주 강하게 농축된 옅은 붉으스름한 색을 갖고 있는 유멜라닌(eumelanin)과 적갈색에서 짙은 흑갈색까지 다양한 과립의 형태로 존재하는 페오멜라닌(pheomelanin)의 두가지 형태에서 기인된다. 멜라닌은 물과 대부분의 용매제에 녹지 않으며 자외선과 과산화수소에 닿으면 변화한다.

2. 모발의 생성에 영향을 주는 요인

1) 모발과 영양

(1) 음식물에 의한 영향

모발성장에 영향을 주기 위해서는 여러 종류의 아미노산을 포함한 단백질(대두, 멸치, 우유, 육류, 계란 등)을 균형있게 섭취하는 것이 중요하다. 이러한 식품의 단백질은 위장에서 아미노산으로 분해되어 장벽에 흡수되어 혈액에 의해 신체의 여러 기관에 운반되어 흡수되며, 모발의 경우는 모세혈관을 통해 모근의 모유두에 영양분이 보내져 모발의 성장을 촉진시키게 된다.

그러나 모발의 건강과 생장을 위해서는 단백질 뿐만 아니라 비타민과 미네랄(특히 철, 아연 등)도 필요하며 비타민은 피부를 건강하게 하고, 비듬과 탈모를 방지하기 때문에 모발의 건강에는 특히 비타민 A, D가 필요하다. 따라서 비타민과 미네랄을 포함한 파슬리, 소송엽, 딸기, 시금치 등의 야채류도 많이 섭취할 필요가 있다. 또한 리놀산을 포함한 식물성 기름은 모발에 윤기를 주며, 낙화생, 참깨, 사라다유 등을 적당히 섭취하는 것도 필요하다.

모발에는 미역과 다시마 등 해조류가 좋은 것으로 옛날부터 알려져 왔는데, 이는 해조류에는 모발성장에 필요한 영양소인 철분(Fe), 요오드(I), 칼슘(Ca)이 많이 포함되어 있고, 두피의 신진대사를 높이는 효과가 있기 때문이다. 특히 요오드는 갑상선 호르몬의 분비를 촉진시켜 모발의 성장을 돕는다.

케라틴의 주요 성분인 시스틴이 많이 함유된 식품으로는 계란, 돼지고기, 고등어, 콩, 낙화생, 우유 등이 있으며 대체로 일상 음식물로서 충족된다.

(2) 비타민에 의한 영향

직접 어느 비타민이 모발의 성장 발육에 필요한가는 정확히 밝혀지지 않았지만 비타민도 호르몬과 같이 신체의 모든 기능에 관여하고 있는 것이므로 어느 것이 부족하거나 과잉되어도 직접 또는 간접적으로 영향을 미친다.

모발에 영향을 미치는 비타민으로는 비타민 A, B 복합체, C, D, E, F 등이 있으며, 특히 비타민 A가 부족하면 모공각화증을 일으켜 탈모를 촉진시키며, 비타민 B_1이 부족하면 모발의 신진대사가 나빠지고 건조성 비듬 생성의 원인이 되기도 한다. 비타민 D는 탈모 후 모발의 재생에 효과가 있고, 비타민 E는 혈액순환을 도와 모발성장에 영향을 준다.

일반적으로 모발 화장품에 첨가된 비타민은 두피나 피부에 흡수되는 지용성 비타민이며, 수용성 비타민은 흡수되지 않으므로 경구적으로 섭취해야 효과적이다.

2) 모발과 호르몬

모발의 성장주기를 조절하는 요인은 정확히 밝혀지지 않았지만, 개인의 선천적인 체질이외에 성호르몬 등의 내분비적 요인이 관여한다고 추측되고 있다. 특히 남성호르몬이 중요한데, 성모(性毛)의 경모화(硬毛化)를 초래하는 작용과 남성형탈모의 촉진작용이 있는 것으로 알려져 있다. 여성호르몬은 동물에서는 일반적으로 털의 성장을 촉진하지만 사람에 주사하면 억제작용을 한다. 임신을 하면 휴지기모발이 감소하나 출산 후 호르몬이 정상화되면 급속하게 증가하며 산후 휴지기 탈모(post partum telogen effluvium)를 일으키게 된다. 피임약을 사용하는 사람에게서도 미만성탈모를 볼 수 있다. 그 밖에 털의 성장에 관여하는 호르몬으로서는 뇌하수체 호르몬, 갑상선 호르몬, 부신피질 호르몬 등이 있다.

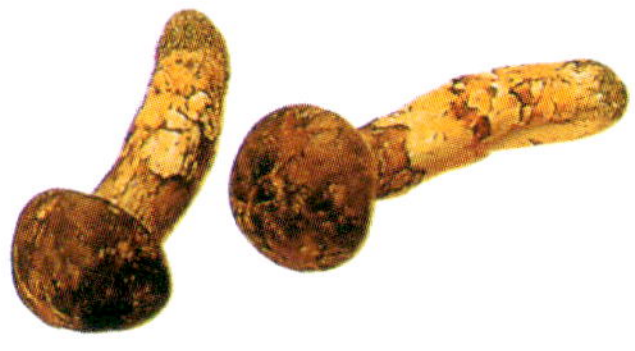

3. 모발의 화학적인 특징

1) 모발의 구성성분

모발의 주성분은 케라틴이며, 성분을 분석해보면 탄소(Carbon) 50~60%, 산소(Oxygen) 25~30%, 질소(Nitrogen) 8~12%, 수소(Hydrogen) 4~5%, 황(Sulfur) 2~4%로 구성되어 있다. 케라틴(Keratin)의 주성분은 아미노산(amino acid)이며, 아미노산은 20여종이 있으나 모발에는 약 18여종의 아미노산이 길게 연결되어 폴리펩티드(polypeptide)라는 긴 분자를 만든다.

(1) 아미노산(amino acid)

아미노산은 단백질의 구성 단위로 세포내 단백질에서 발견되는 아미노산은 20가지이며, 이들 아미노산이 가지는 독특한 성질에 의하여 단백질의 구조와 기능이 결정된다.

아미노산의 일반구조는 산성을 띠는 카르복실기(carboxylic acid group −COOH)와 알칼리성을 띠는 아미노기(amino group − NH_2)로 구성되어 있고 아미노산의 종류에 따라 R 기는 달라진다. 시스테인은 케라틴을 구성하는 독특한 성질의 아미노산으로 설프히드릴기(sulfhydryl group, −SH)를 갖는데, 어떤 조건하에서는 이웃하는 시스테인 −SH간에 공유결합이 생겨 디설피드결합(disulfide linkage)을 이루기도 하는데 이를 시스틴결합이라고도 한다.

(2) 폴리펩티드(polypeptide)

폴리펩티드란 아미노산이 펩티드결합을 통하여 쇄상으로 연결된 분자를 말하며, 펩티드 결합은 효소에 의한 탈수과정을 거쳐 형성된다. 케라틴은 약 18종의 아미노산이 펩티드 결합을 순차적으로 반복해서 긴 쇄상이 된 폴리펩티드에 의해 구성되어 있다. 케라틴의 폴리펩티드는 나선상으로 꼬여 있으며, α−케라틴(α−keratin)이라 부른다. α−케라틴을 길게 잡아당기면 β−케라틴(β−keratin) 형태가 되고 다시 힘을 빼면 원래 상태의 α−케라틴 형태로 되돌아간다.

표 1-1 아미노산의 일반구조식

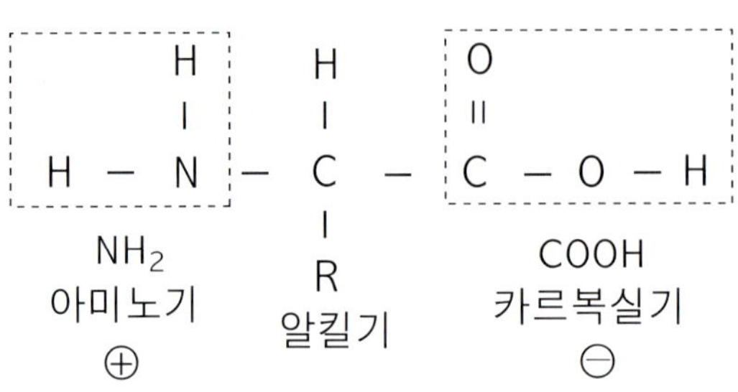

(3) 측쇄결합

α−케라틴의 폴리펩티드 측쇄는 인접한 주쇄 간에 상호 가지고 있는 측쇄 끼리 결합되어 있다. 이 횡으로 연결된 가교들이 케라틴분자를 고정시켜 강도와 탄력 등 여러 가지 특성을 모발에 주고 있다.

측쇄결합은 주로 시스틴 결합, 염결합, 수소결합의 3종류가 있지만 이외에 소수성결합, 펩티드결합 등이 있다.

① 시스틴결합

시스틴 결합은 유황(S)을 포함한 단백질에서 특유한 것으로 다른 천연섬유와 합성섬유에서는 볼 수 없는 측쇄결합으로 케라틴의 특징을 지우는 중요한 결합이다. 기계적으로는 견고한 결합이지만 화학반응에 의해 절단되고 재결합시킬 수도 있다. 퍼머넌트 웨이브는 이러한 화학적 성질을 이용한 것이다.

시스틴은 2분자의 시스테인이 산화과정을 거쳐 수소(H)가 물(H_2O)로 되어 빠져나가므로써 상호 결합한 것이다. 이 시스틴을 환원하면 원래의 2분자의 시스테인으로 되돌아간다. 이 산화와 환원의 반응을 보면 다음과 같다.

$$|-SH\ \ HS-| \underset{+2H(\text{환원})}{\overset{+O(\text{산화})}{\rightleftharpoons}} |-S-S-|$$

이 |−S−S−| 결합을 시스틴결합 혹은 단순히 이황화물교차결합이라 부르기도 한다.

② 염결합(이온결합)

염결합은 산성 또는 알칼리성으로 측쇄를 갖는 아미노산이 이온화하여 아미노기(NH_2)와 카르복실기(COOH)가 이온적으로 결합하고 있으며 열이나 산 · 알칼리에 의해 절단된다.

약 pH 4.5~5.5일 때 결합력은 최대가 되고 케라틴은 가장 안정된 상태가 되며, 산과 알칼리에 따라 pH가 등전점보다 산성 혹은 알칼리로 기울어지는 만큼 결합이 약하게 된다. 보통 퍼머넌트 웨이브제의 환원제가 알칼리성이 되는 이유중의 하나는 이 결합을 절단시키기 위함이다.

표 1−2 염결합(이온결합)

아미노기 + > 카르복실기 −	염기성
아미노기+ < 카르복실기 −	산성
아미노기 + = 카르복실기 −	중성

③ 수소결합

수소결합은 주쇄간 혹은 인접한 주쇄 사이의 산소(O)와 수소(H) 간에 서로 당기는 힘(인장력)에 의한 결합이다. 산소와 수소 사이의 거리가 먼 경우 수분을 공급하면 주쇄 간이 절단되고 건조하게 되면 재결합하는 성질을 가지고 있다.

④ 그외 결합

알콜, 유지류 등은 시간을 주면 흡수되기 때문에 케라틴 중에는 같은 소수성기와 소수성기 사이에 작용하는 힘이 있다고 하여 이 결합을 소수결합이라고 부르고 있으며 최근 주목되어온 결합방식으로 아직 충분히 해명되고 있지 않다.

또한 주쇄와 같은 결합방식으로 그 수는 적지만 가장 강한 결합으로 펩티드 결합이 있다. 이는 강한 산화제와 강산, 강알칼리 등에 의해 절단된다.

2) 모발과 pH

pH란 수소이온농도지수(power of hydrogen ions)로서 산 · 알칼리 등을 측정하기 위해 사용되는 수치이며, 건강한 모발의 pH는 5.0 전후의 약산성으로 되어 있어, pH 4.5~6.5 정도는 모발에 손상을 일으키지 않으나 pH가 10이상이 되면 알칼리성으로서 모발을 심하게 팽윤 · 연화시켜 퍼머넨트 웨이브제가 모발 모표피층에 쉽게 침투되어 모발손상을 일으키고, 반면 강산성에서도 심한 모발 손상을 초래한다.

그림에서 보는 것처럼 등전점보다 산성이 됨에 따라 팽윤도는 서서히 커지게 되지만 pH 2 이하에서는 응고되거나 단단하게 되고 차차 용해된다. 알칼리성의 경우도 순차적으로 팽윤도는 커지게 되지만 pH 10 이상이 되면 급격하게 팽윤되어 용해된다.

퍼머넨트 웨이브제는 pH를 낮게 하고 티오글리콜산(thioglycolic acid)의 양을 많게 하는 종류와 pH를 어느 정도 높이고 티오글리콜산을 적게 하는 종류가 있다. 어느쪽이 더 좋은 퍼머넨트 웨이브제라고는 말할 수 없으나 손상모나 염색모 등 약한 모발에 대해서는 일반적으로 pH가 낮은 중성 또는 약산성의 퍼머넨트 웨이브제를 사용하는 것이 좋다.

일반적으로 사용되는 퍼머넨트 웨이브제 중 제1제는 대개 약 알칼리성으로서 pH가 9.0~9.6 정도가 가장 많이 사용되고 있으며, 제2제는 pH4.0~6.0 정도가 일반적으로 사용되고 있다.

즉 제1제의 알칼리성에 의해 모발을 팽윤 · 연화시킨 후 약산성의 제2제를 사용하여 모발의 pH 발란스를 유지시켜 모발을 안정되게 해준다.

실험에 의하면, 실제로 퍼머넨트 웨이브를 하기 위해서는 pH8.8이상이 필요하다. 티오글리콜산을 6.0%로 일정하게 하고 pH농도를 차츰 올렸을 때 건강한 모발에 대한 작용의 강도는 pH 9.0 전후로 하여 갑자기 작용이 상승된다. 이것으로 미루어 건강한 모발의 제1제의 pH 농도는 9.2~9.6 정도가 적당하며, 그 외 모질에 따라 pH 7.6~8.2와 pH 4.5~6.0의 산성 콜드퍼머넨트 웨이브제가 필요하다.

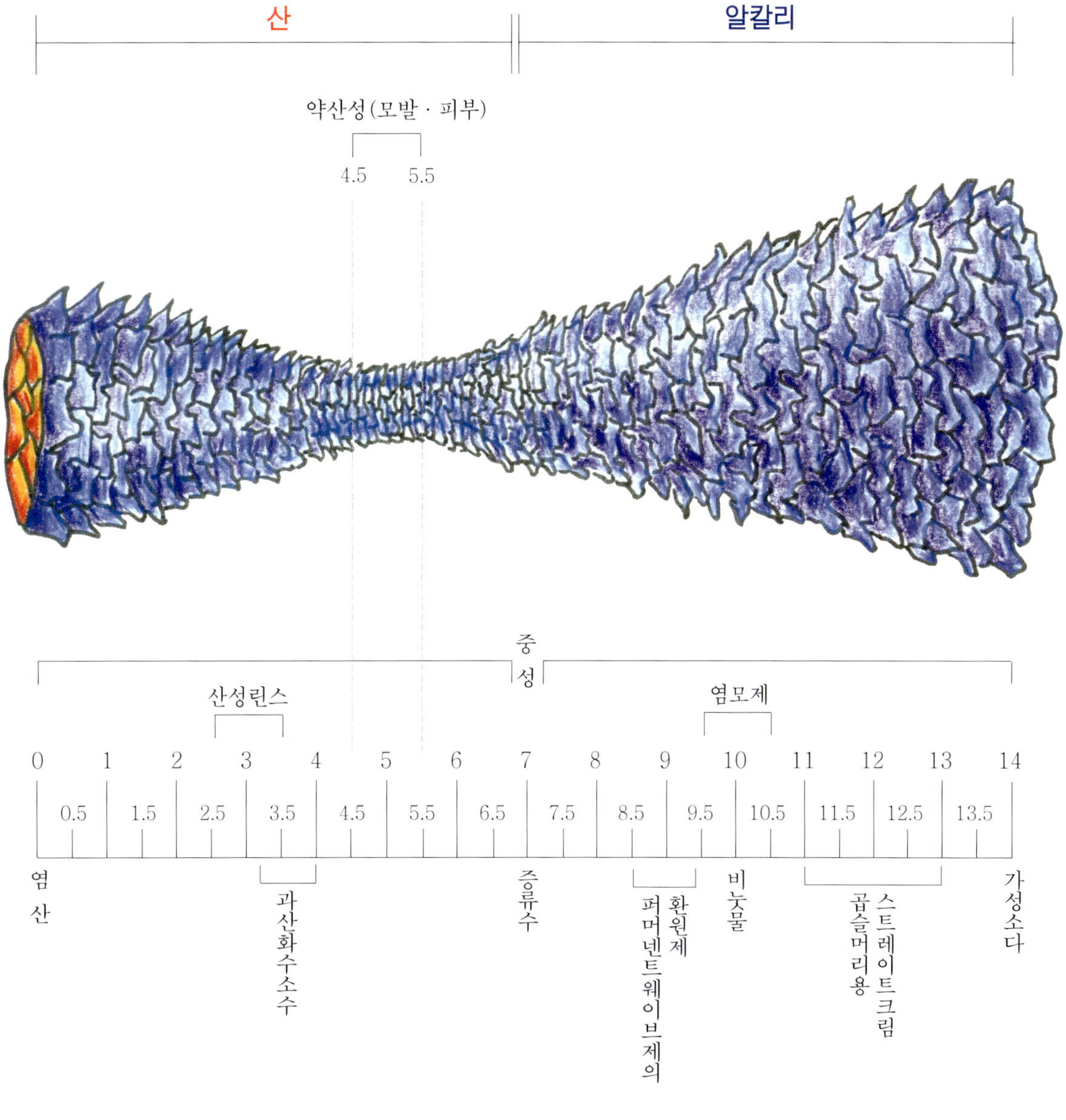

그림 1-10 모발과 pH

4. 모발의 물리적인 특성

퍼머넨트 웨이브 시술을 하기 위해서는 먼저 모발 진단을 통하여 각각의 모발에 적합한 퍼머넨트 웨이브제를 선정하여야만 하므로 모발의 다양한 물리적 특성에 대한 이해를 기초로 모발의 상태를 파악할 수 있어야 한다. 모발의 물리적인 특성은 다양하며, 케라틴이라고 하는 특수한 분자구조에 입각하고 있다. 여기서는 모발의 질감(texture), 밀도(density), 탄력성(elasticity), 강도(intensity)와 신장(extension), 다공성(porosity), 습윤성(moisture), 기타 모발의 열변성과 광변성을 살펴보도록 한다.

1) 모발의 질감(texture)

모발의 질감은 모발 직경과 관계가 있으며, 각 개인마다 다르고 영양상태나 신체의 건강 상태에 따라 달라진다. 즉, 굵은 모발, 보통 모발, 가는 모발 등으로 구분되는데 일반적으로 모발이 가늘수록 모발 염 · 탈색이나 퍼머넨트 웨이브 시술시 방치시간이 빠르다.

2) 모발의 밀도(density)

모발의 밀도는 각 개인이 가지고 있는 모발의 수에 의해 결정되며, 모발의 색상에 따라 다르다. 대체적으로 모발의 밀도는 약 9만~15만 정도이며, 우리 나라 사람의 모발의 밀도는 약 11만개에 달한다. 금발은 약 15만, 갈색모발은 약 11만, 흑색모발은 약 10만, 붉은 모발은 약 9만개 정도이다. 정상적인 사람이 하루에 빠지는 모발의 수는 약 50~70가닥 정도이며, 나이가 들면 거의 200가닥 정도까지 다다르나 노화에 의한 자연적인 현상이다.

3) 모발의 탄력성(elasticity)

모발의 탄력성이란 머리카락이 끊어지지 않을 정도까지 잡아당겼다가 놓았을 때 원래 상태로 다시 돌아가는 성질을 말한다. 탄력성을 측정하는 방법으로는 한 가닥의 머리카락을 엄지와 검지에 끼워놓고 다른 손의 엄지와 검지를 이용해 미끄러뜨린 후 머리카락의 상태를 본다. 이때 머리카락이 나선형으로 말려지는 현상을 볼 수 있는데 이 나선형의 수가 많을수록 탄력성이 크고 건강하다.

4) 모발의 강도(intensity)와 신장(extension)

모발의 강도는 모발을 당겼을 때 끊어지지 않고 견디는 힘을 말하며, 모발의 강도와 신장은 개인차, 모발의 상태에 따라 다르다. 모발의 측정치의 평균적인 수치를 들면 건강모의 신장률은 40~50%, 이때 신장강도는 140~150g이며, 물에 젖었을 때 모발의 신장률은 60~70%, 신장강도는 90~100g정도 된다. 또한 모발을 두피에서 뽑는데 요구되는 힘(고착력)은 약 50~80g 정도이다. 건강한 모발일수록 강도도 강해지나, 모발이 손상되었을 때나 염색이나 탈색 등을 한 모발의 강도는 저하된다. 모발의 강도와 신장은 또한 모발의 굵기에 따라서도 다르다.

5) 모발의 다공성(porosity)

모발의 다공성이란 염색이나 탈색, 퍼머넨트 웨이브 등의 화학처리로 인해 모발 속을 채우고 있는 단백질이 소실되어 모발 조직 중에 빈 공간이 많아지는 것으로 수분의 흡수도 빠르고 반대로 건조도 빨라진다. 또한 모표피의 상태에 따라 다공성의 정도를 결정짓기도 하는데 건강한 모발일 경우 모표피가 규칙적으로 겹쳐져 있기 때문에 염·탈색제나 퍼머넨트 웨이브제를 과다하게 흡수하지 않으나, 손상모의 경우 모표피가 열려있어 염·탈색제나 퍼머넨트 웨이브제를 과다하게 흡수하여 방치시간이 단축되나 과다한 화학제의 흡수로 인하여 모발은 심하게 손상된다.

6) 모발의 습윤성(moisture)

모발은 공기중의 습도가 높으면 수분을 흡수하고, 건조하면 수분을 빼앗기게 되는 성질을 갖고 있는데 이를 모발의 습윤성이라 하며 모발의 수분함유량에 따라 모발 상태를 결정지어 준다.

모발이 건조하면 매끄러움, 부드러움, 광택 등이 없어 까칠까칠하게 되는데, 이런 경우에는 헤어크림(hair cream)이나 헤어 트리트먼트(hair treatment) 또는 헤어 린스(rinse)를 사용하여 모발의 수분함유량을 유지시켜주는 것이 필요하다.

수분은 모발에 매우 필요한 것으로 모발의 수분 함유량이 10~15%일 때 가장 이상적이며, 30~35%일 때 포화상태가 되고, 손상모일 경우는 10% 이하로 떨어진다.

7) 모발의 열변성

열이 모발에 미치는 영향은 건열과 습열이 다르다. 건열에서 외관적으로는 120℃ 전후에서 팽창되고, 130~150℃에서 변색이 시작되어, 270~300℃가 되면 타서 분해되기 시작하지만, 기계적인 강도는 80~100℃에서 약화되기 시작하며, 화학적으로는 150℃ 전후에서 시스틴의 감소를 볼 수 있고, 180℃가 되면 α-케라틴이 β-케라틴으로 변한다.

반면 습열에서 시스틴의 감소는 100℃전후에서 볼 수 있고, 130℃에서 10분간 두면 α-케라틴은 β-케라틴으로 변화한다.

8) 모발의 광변성

태양광선은 파장이 긴 방향으로부터 적외선, 가시광선, 자외선으로 구별되고 있다. 이 중에서 모발에 영향을 미치는 것은 적외선과 자외선으로 적외선은 열선으로 물체에 닿으면 열을 발생시키며, 모발 케라틴은 그 열에 의해 어느 정도 측쇄결합이 파괴되어 손상을 받는다. 모발에 가장 영향을 미치는 자외선은 모발의 시스틴 함량이 줄어들게 하며, 멜라닌 색소를 파괴함으로써 모발의 손상과 탈색을 유발시킨다.

실외 근무자들, 고원 또는 해안의 거주자들에게서 퍼머넨트 웨이브가 잘 형성되지 않거나 쉽게 풀어지는 현상이 나타나는 것은 바로 태양광선 특히 자외선에 의한 모발 케라틴의 변성에서 오는 것이다.

이상과 같이 모발의 생리적 · 물리적 · 화학적인 특성을 이해함으로써 퍼머넨트 웨이브 시술 전 모발진단을 통하여 각각의 모발에 맞는 적절한 퍼머넨트 웨이브제 선정 및 방법을 익혀 시술의 효과를 높이도록 해야 한다.

5. 모발의 손상에 영향을 주는 요인

1) 자연적인 원인

바람, 자외선, 바닷물, 환경오염 등도 모발에 많은 손상을 준다. 여름철 바캉스를 다녀온 후 모발이 탈색되고 거칠어진 것을 느끼게 되는데 이는 바닷물과 강렬한 자외선에 의해 모발이 손상된 것이다. 자외선을 차단하는 모발 보호 크림을 바르고 강한 햇볕에 모발이 직접 노출되지 않도록 하여야 한다.

2) 물리적인 요인

고무줄과 머리핀 등에 의한 잡아당김, 금속성 저 품질 미용기구의 사용, 벼게와 빗질 등으로 인한 마찰, 모발에 볼륨을 주기 위해 시술되는 백코밍 등의 경우에도 모발에 많은 손상을 입히며, 아이론과 헤어드라이어의 온도 과열도 모발손상의 요인이 된다.

3) 화학적인 요인

과다 농축된 과산화수소나 알칼리제의 사용, 저 품질 미용제품의 사용, 방치시간의 초과, 잘못 시술된 퍼머넨트 웨이브와 모발 염 · 탈색, 잦은 샴푸 등은 모표피를 손상시키고 계속되는 화학제품에 의한 미용시술은 모발내부의 피질세포까지 손상을 주어 결국은 갈라지고 잘라져 나가게 되며, 심하면 탈모증세에 이르게 된다.

4) 생리적인 요인

주로 인체 내부에서 오는 요인으로 다이어트 등에 의한 영양불균형, 감염 후 질병의 후유증, 비타민 결핍증, 약물중독, 경구 피임약, 스트레스, 신경과민, 극도의 피로, 출산 전후의 호르몬 불균형, 위생적이지 못한 모발관리로 인한 박테리아 · 기생균류 · 미생물에 의한 모발과 두피의 오염 등으로 모발은 손상될 수 있다.

Art of wave
Art of wave
Art of wave

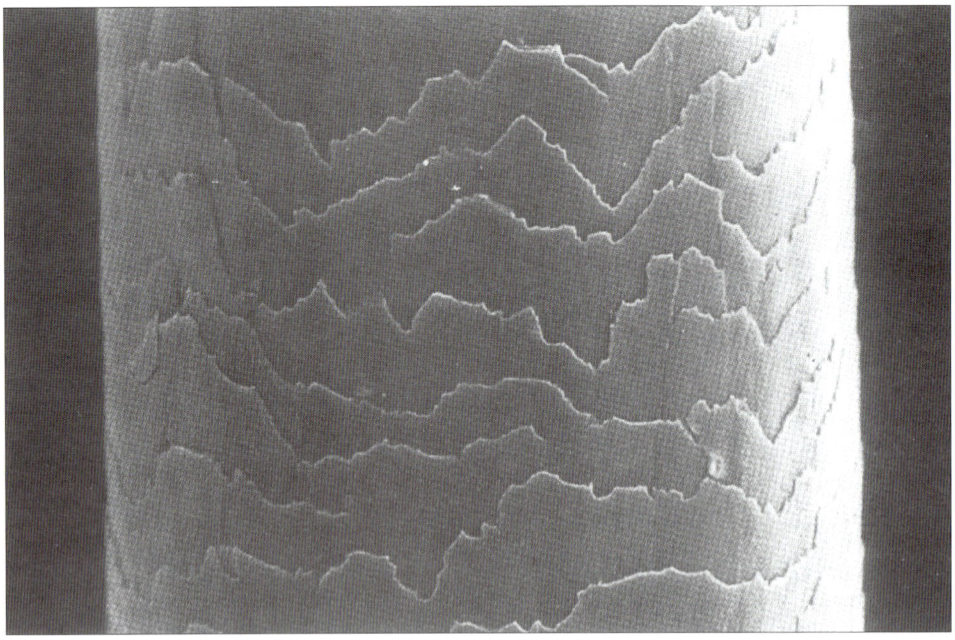

1. 건강모

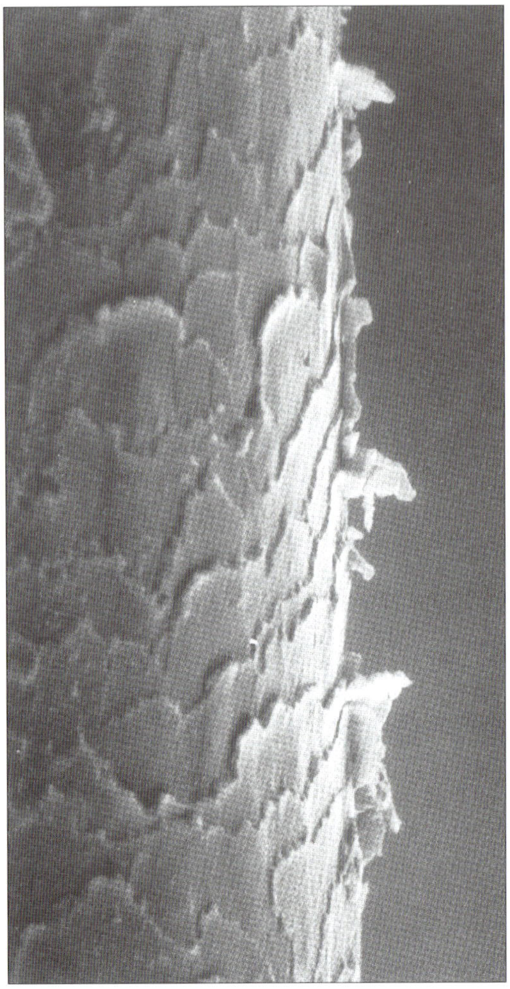

2. 퍼머넨트 웨이브 시술시 고무밴드에 의한 손상

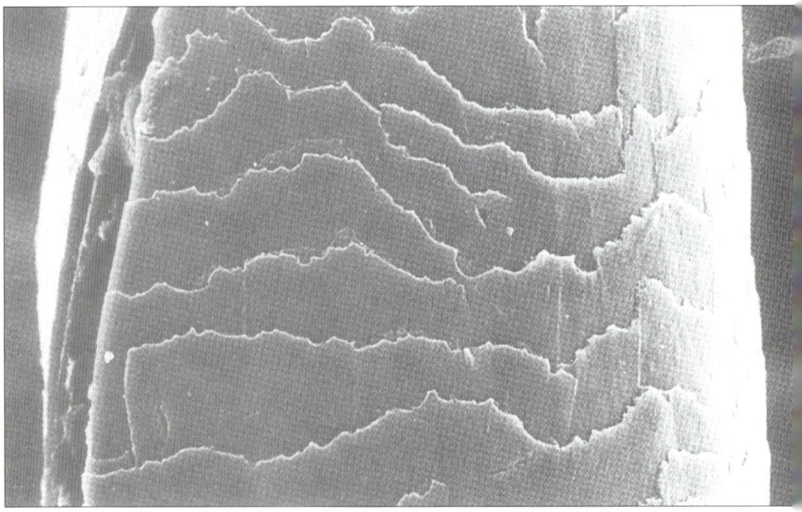

3. 아이론 퍼머넨트 웨이브 시술에 의한 손상

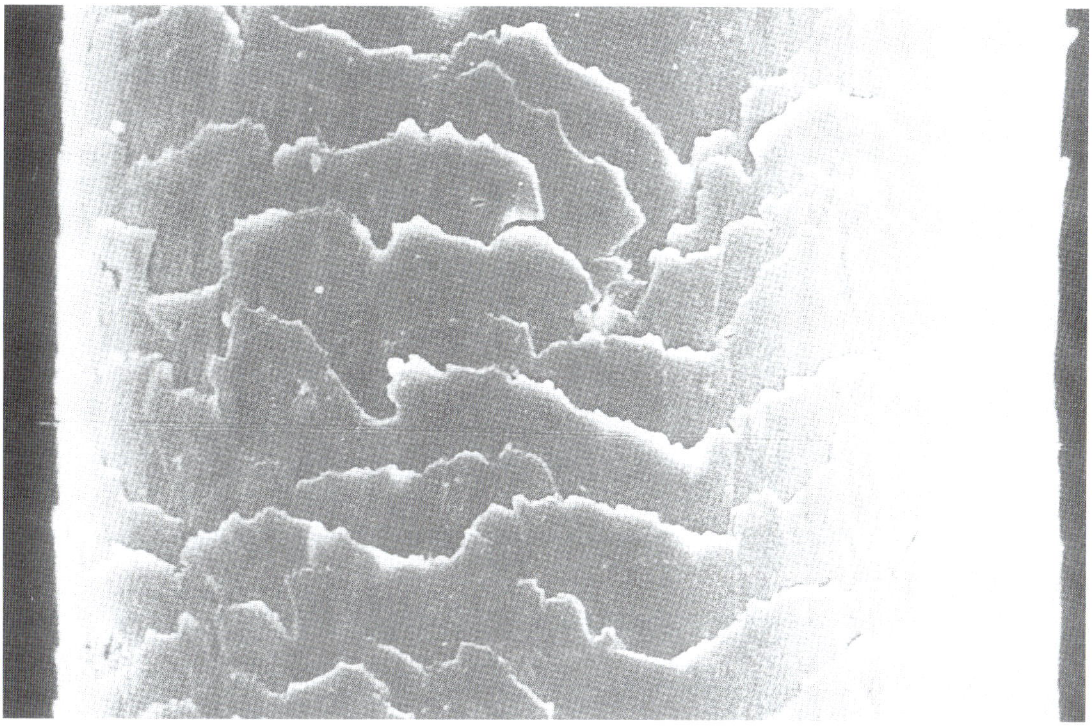

4. 퍼머넨트 웨이브 시술 1회 처리모

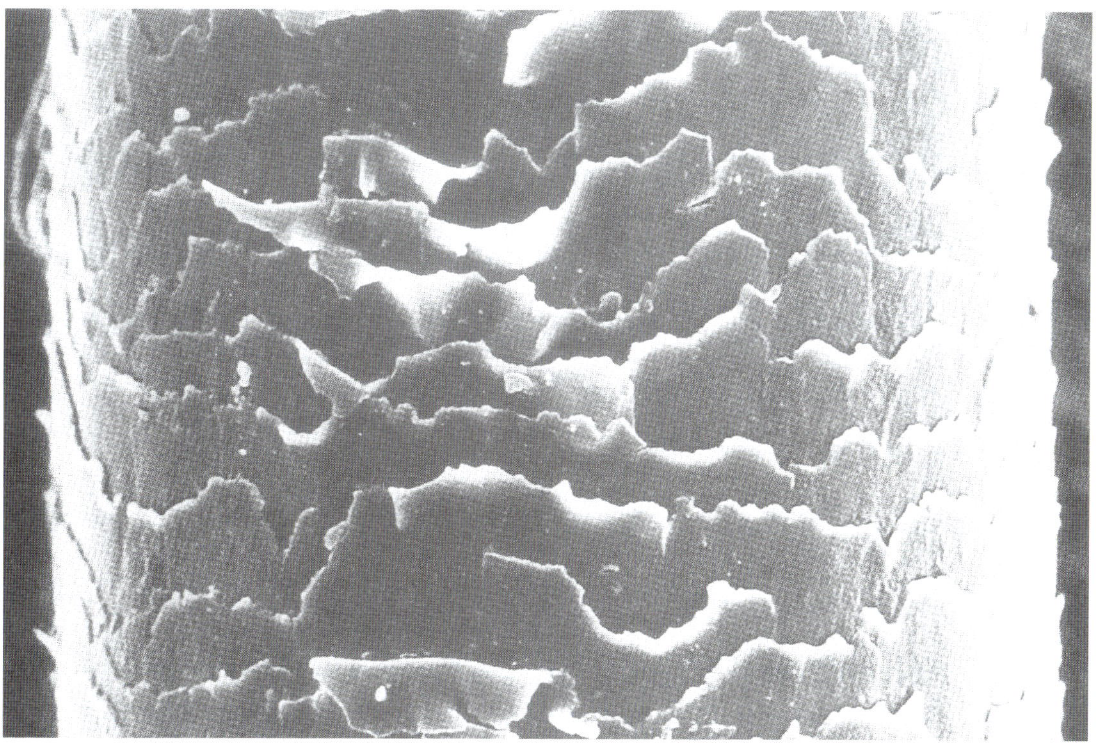

5. 퍼머넨트 웨이브 시술 3회 처리모

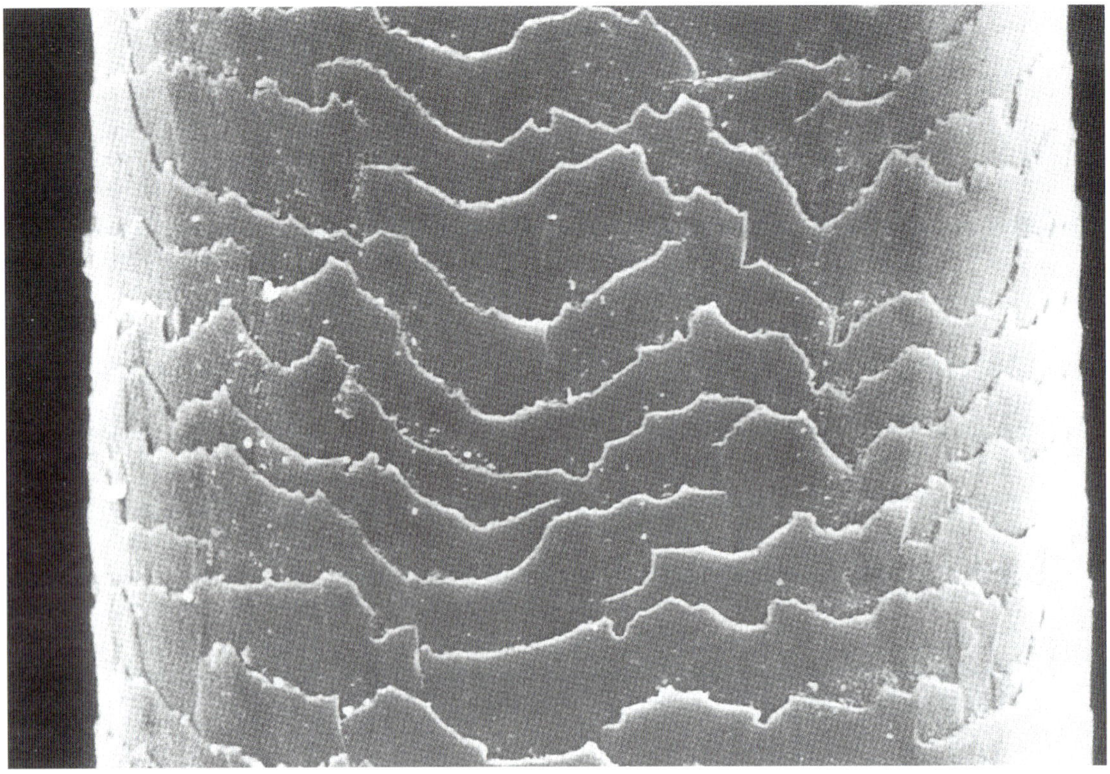

6. 헤어 블리치 시술 1회 처리모

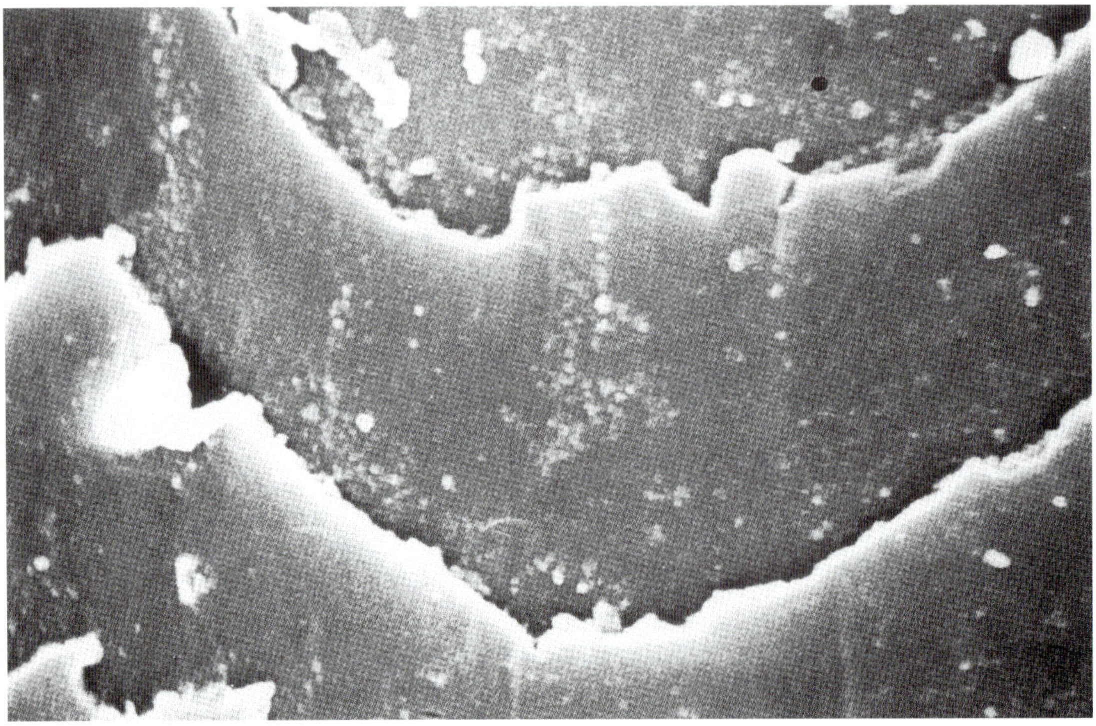

7. 헤어 블리치 시술 3회 처리모

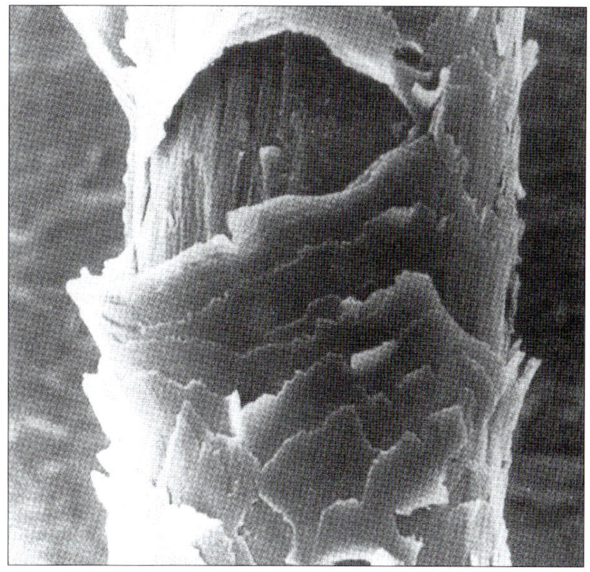

8. 퍼머넌트 웨이브 시술시 강한 텐션에 의한 손상

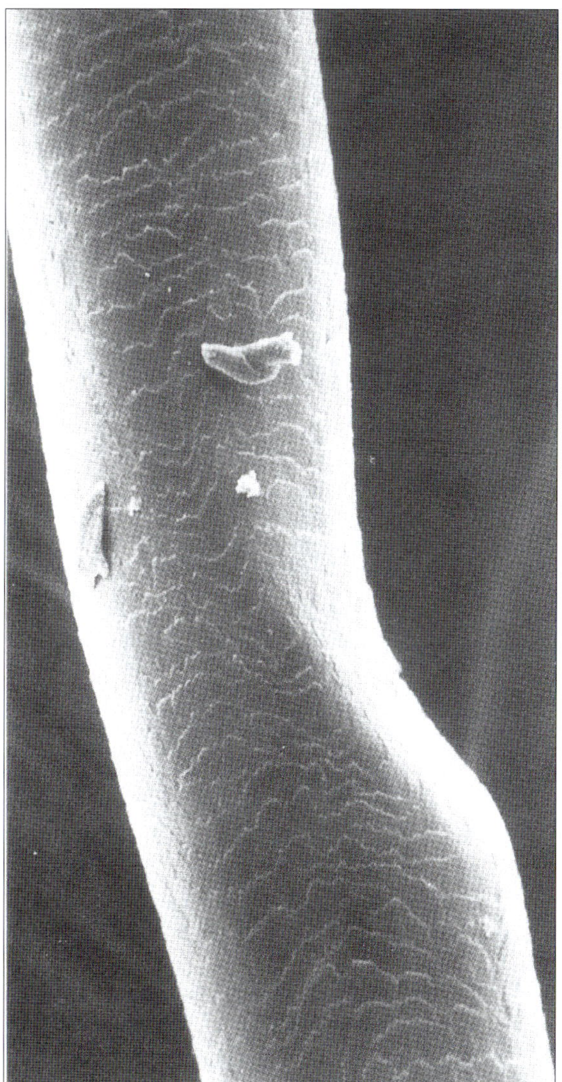

9. 아이론 퍼머넌트 웨이브 시술에 의한 손상

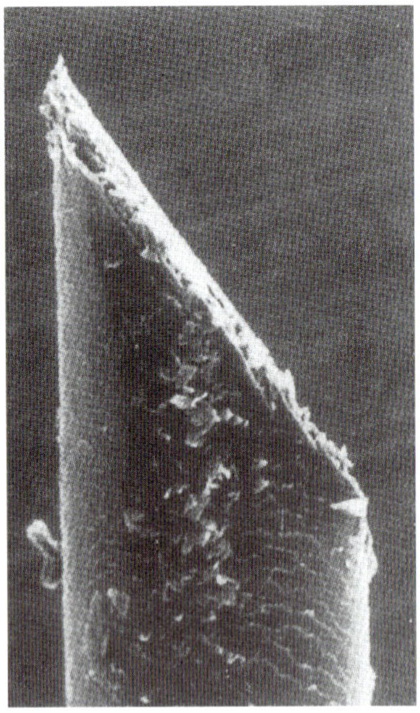

10. 레져(razor)로 커트된 모발

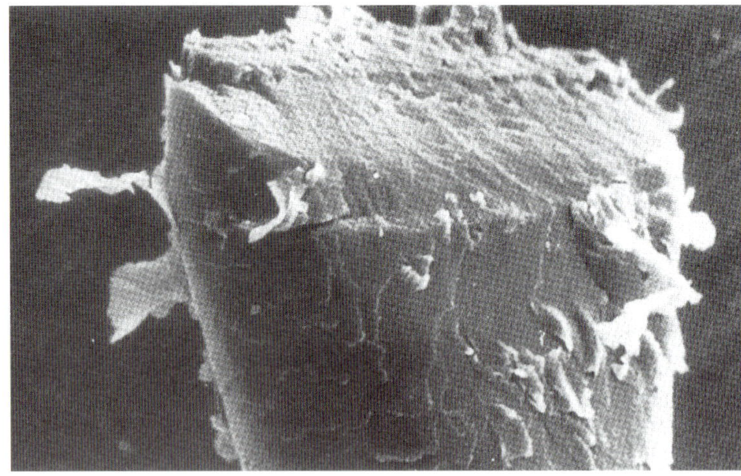

11. 가위(scissors)로 커트된 모발

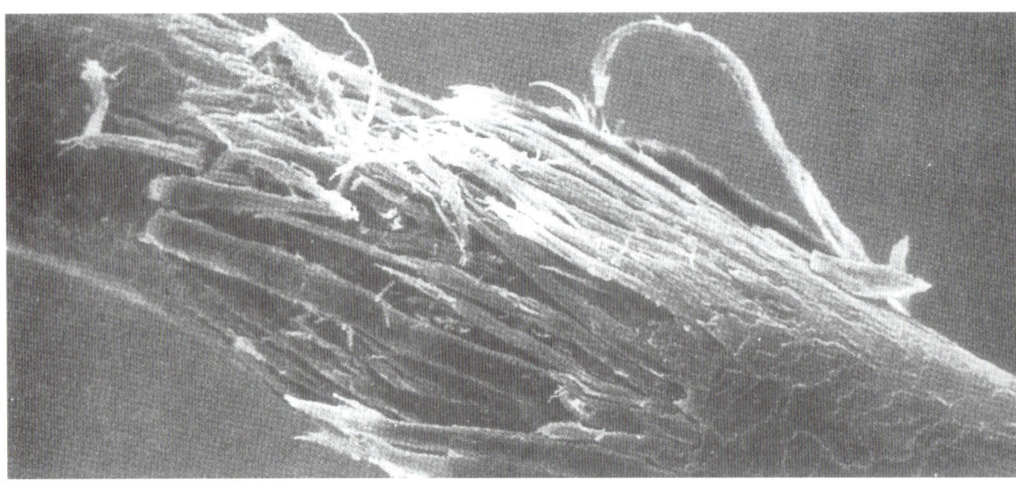

12. 결절성 열모

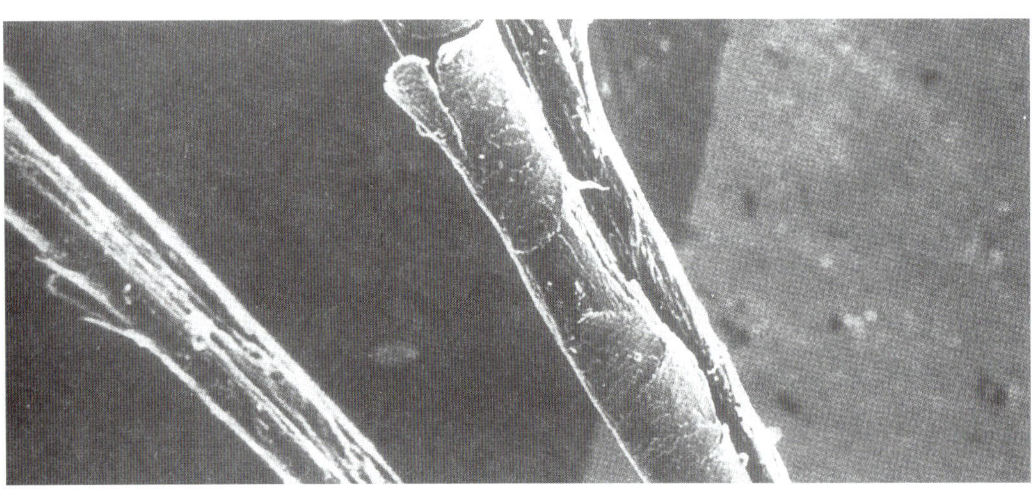

13. 지모

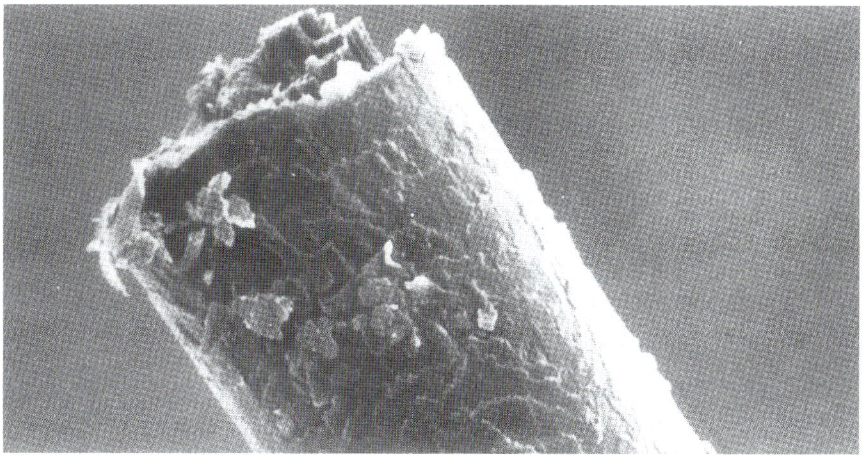

14. 퍼머넨트 웨이브 시술에 의한 단모

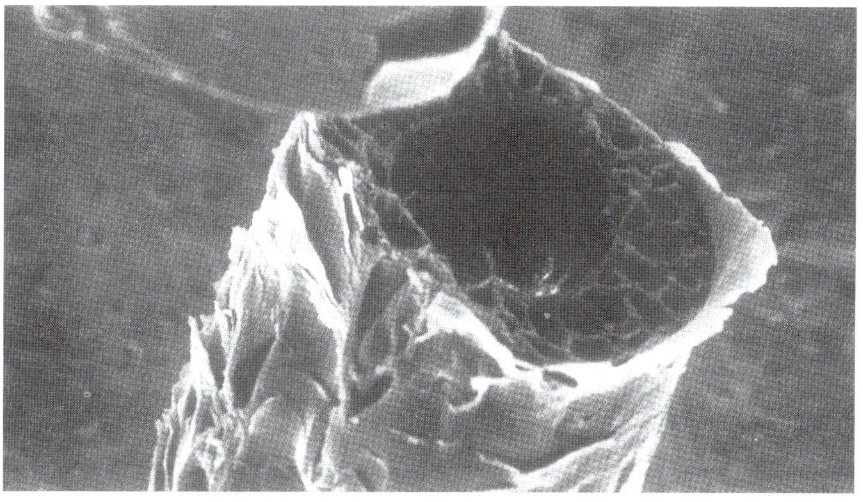

15. 아이론 퍼머넨스 웨이브 시술에 의한 단모

Ⅱ. 퍼머넨트 웨이브 이론

1. 퍼머넨트 웨이브의 기원과 변천
2. 퍼머넨트 웨이브 형성의 원리
3. 퍼머넨트 웨이브제의 사용방법에 따른 분류
4. 퍼머넨트 웨이브제의 종류
5. 퍼머넨트 웨이브제의 구성성분
6. 퍼머넨트 웨이브 로드의 종류
7. 퍼머넨트 웨이브 형성에 영향을 주는 요인

Ⅱ. 퍼머넨트 웨이브 이론

생머리 헤어스타일은 신선하면서도 순수한 분위기를 나타내는데, 생머리 헤어스타일에 웨이브로 변화를 주었을 때는 보다 부드럽고 우아하며 여성스러운 느낌을 받게 된다.

또한 어떤 종류의 웨이브를 선정해서 시술했느냐에 따라서도 매우 다른 분위기가 연출되어지는 것을 볼 수 있다.

따라서 어떤 퍼머넨트 웨이브를 선정해서 개개인의 개성과 취향에 어우러지는 아름다움을 극대화시켜 주느냐 하는 것은 헤어디자이너에게 있어서 매우 중요한 과제라고 할 수 있다.

웨이브에는 일시적인 세팅 웨이브와 영구적인 웨이브가 있는데 퍼머넨트 웨이브란 세팅 웨이브와 같이 수증기나 샴푸에 의해서 사라지는 일시적인 웨이브가 아니라 자연상태의 모발에 물리, 화학적인 방법을 가하여 모발의 구조나 형태를 변화시켜 영구적으로 지속되는 웨이브를 형성시키는 것을 말한다.

1. 퍼머넨트 웨이브의 기원과 변천

영구적인 웨이브 형성의 성공은 끊임없이 새로운 아이디어를 개발한 결과이며 웨이브의 역사상 매우 획기적인 일이다. 그 기원과 변천을 살펴보면 기원전 3000년경 고대 이집트인들이 나일강 유역에 있는 알칼리성 성분의 진흙을 모발에 바른 후 나무봉에 감아 태양에 건조시켜서 모발에 화학적인 변화를 주어 웨이브를 만든 것이 퍼머넨트 웨이브의 시초라고 추측할 수 있다.

그리스, 로마 시대에는 불로 데운 철 막대기로 웨이브를 만들었으며, 이러한 기법이 오랫동안 지속되다가 19C경에는 석유램프로 열을 주어 모발에 웨이브를 만들게 되었다. 그러나 오늘날과 같은 퍼머넨트 웨이브가 실용화된 것은 20세기부터이다.

1872년 프랑스의 마르셀 그라또우(Marcel Grateau)가 아이롱을 이용하여 웨이브를 만들었으나 이렇게 만들어진 웨이브는 일시적인 것으로 머리를 감거나 수증기를 만나면 웨이브가 없어지는 결점이 있었다.

1905년경 영국 런던 사교계의 유명한 미용사였던 찰스 네슬러(Charles Nessler)가 웨이브를 영구히 지속시킬 수 있는 방법을 연구하였는데 이는 알칼리와 열을 이용한 히트웨이브(heat wave)로서 두피에서 말기 시작하여 모발 끝으로 말아가는 스파이럴(spiral winding) 방식으로 긴 머리에만 사용할 수 있었으나 차츰 짧은 머리에도 가능한 크로키놀(croquignole winding)식 방법도 1925년경 죠셉메야(Joseph Mayer)에 의해서 고안되었다.

조금더 진보되어 열을 가하지 않고 퍼머넌트 웨이브를 형성하는 약품의 개발이 급속도로 진행되었는데 1936년 영국 리도 대학 교수 J. B. Speakman은 아유산수소나트륨을 이용하여 40℃정도의 온도에서 웨이브를 얻을 수 있음을 발견하였고, 실온으로도 퍼머넌트 웨이브를 얻을 수 있다는 의미에서 콜드퍼머넌트 웨이브제라고 하였다.

그후 모발 케라틴(Keratin)의 화학구조가 해명되어 시스틴 결합을 절단하는 연구가 계속되면서 고구드란 학자가 처음으로 티오글리콜산(thioglycolic acid)과 케라틴의 화학반응을 발표한 이후 1941년 미국인 McDonough등이 티오글리콜산을 주원료로 한 콜드웨이브용액을 제조하였으며, 1947년 미국의 FDA(식품의약품국)에 의해 티오글리콜산의 제조방법이 비교적 간단하면서 보건위생상 무해하며, 냄새가 비교적 적으며 효과적인 웨이브를 얻는데 적당하다는 것을 인증받았다.

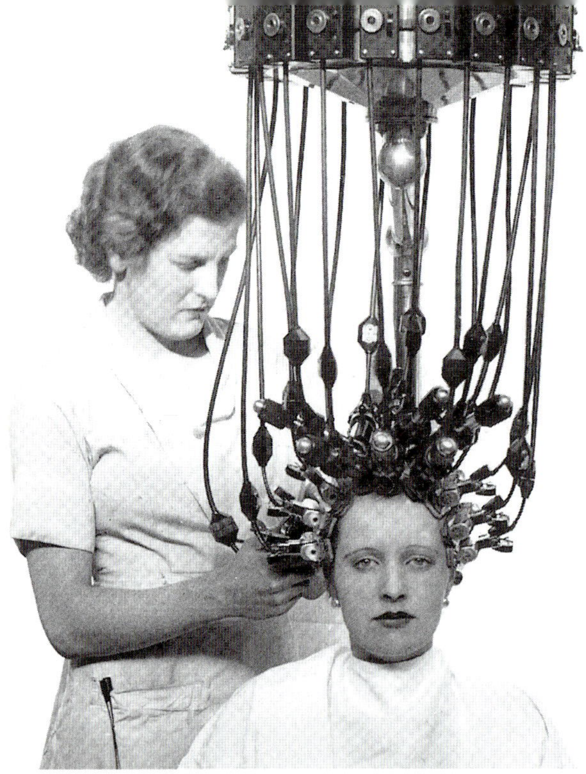

2차 세계대전 후 경제부흥과 함께 콜드 퍼머넨트 웨이브제가 대량으로 생산됨에 따라 그 전에는 특정계급의 여성만이 향유하던 퍼머넨트 웨이브도 일반화되어 여성의 헤어스타일도 퍼머넨트 웨이브를 기초로 한 것이 많아졌다. 전쟁 직후에는 전체적으로 웨이브가 명확하게 나타나도록 균일하고 단단하게 후처리로 롤러 세트나 핀컬 세트를 한 후 브러시나 빗으로 다듬어서 원하는 헤어스타일을 완성하는 방법이 사용되었다. 70년대 초부터는 헤어 커트(hair cut)의 붐이 일어나고 커팅 기술의 변화와 함께 퍼머넨트 웨이브 기법도 다음과 같이 변화하였다.

첫째, 세트 롤러나 핀컬로 웨이브를 오래 유지시키는데 기초가 되는 것, 둘째, 커트 앤드 롤러(cut and roller)기법 중에서 헤어커트의 특성을 최대한으로 살리기 위해 보조역할을 하는 것, 셋째, 여러 가지의 퍼머넨트 웨이브 기법을 사용하고 자연 건조로 뒷마무리를 한 것 등이다.

현재 우리 나라에서 사용되는 퍼머넨트 웨이브란 앞서 말한 콜드 퍼머넨트 웨이브를 말하며, 요즈음은 모발에 다양한 색을 입히는 염색 및 탈색과 잦은 퍼머넨트 웨이브의 시술로 인하여 손상된 모발에 자극을 덜어주면서 아름답고 탄력있는 웨이브를 얻기 위한 방법으로서 낮은 pH의 퍼머넨트 웨이브제가 만들어지고 있다.

since 1900 ~

1900년대 헤어스타일의 변천

1900년대 헤어스타일의 변천

1930
1940
1950
1960
1970
1980

2. 퍼머넨트 웨이브 형성의 원리

헤어디자이너로서 고객에게 헤어스타일을 아름답게 연출해 주는 것도 중요하지만 더욱 중요한 것은 모든 기술적인 부분에는 원리가 있으므로 그 원리를 이해하고 실제 시술에 적용시킬 때 기술의 질적인 향상이 이루어 질 수 있다.

지금 우리가 다루고 있는 퍼머넨트 웨이브도 그 형성원리에 대한 이론을 습득한 후 시술에 적용할 때 모발의 손상을 줄일 수 있을 뿐만 아니라 시술 후 아름답고 건강한 머리결을 유지시켜 줄 수 있으므로 고객에게 신뢰감과 만족감을 줄 수 있게 된다.

1) 퍼머넨트 웨이브의 기본원리

앞 장에서 자세히 설명되었지만 퍼머넨트 웨이브의 형성원리를 이해하기 위해서는 모발의 구조와 성분, 그리고 물리, 화학적인 성질에 대한 지식이 필요하다.

(1) 모발의 구조와 성분

모발은 모표피, 모피질, 모수질의 3층구조로 되어있는데 그 중에서 퍼머넨트 웨이브의 형성에 중요한 역할을 하는 부분은 모피질이며, 모피질은 수많은 폴리펩티드가 모여서 이루어진 섬유상의 경 단백질로 구성되어 있다.

이 케라틴은 18가지의 아미노산이 결합되어 이루어진 폴리펩티드로서 이들 중에는 퍼머넨트 웨이브를 형성시키는데 직접적인 원인이 되는 아미노산인 시스틴을 약 14~18% 함유하고 있다.

(2) 모발의 화학적 성질

모발을 구성하고 있는 모피질의 결정영역과 비결정영역(간충물질)의 폴리펩티드간의 가교역할을 하는 결합으로는 시스틴결합, 염결합, 수소결합, 펩티드결합, 소수성결합, 반델반스 힘 등이 있는데 그 중에 시스틴결합의 화학적인 성질을 이용하여 퍼머넨트 웨이브를 형성시킨다.

시스틴 결합은 퍼머넨트 웨이브 제1제 중의 티오글리콜산에 의해서 환원되어 절단되며 환원 절단되어 생긴 시스테인은 퍼머넨트 웨이브 제2제의 산화작용에 의해서 다시 시스틴으로 결합되어진다.

(3) 모발의 물리적 성질

모발을 어느 한계까지 잡아당기면 α-헬릭스(α-helix) 상으로 결합되었던 폴리펩티드 결합의 측쇄결합 중 일부가 끊어져서 모발의 장축방향으로 늘어나지만 다시 가했던 힘을 빼면 원래의 구조로 되돌아오는 성질이 있다.

이와 같은 모발의 탄력성을 퍼머넨트 웨이브에 응용하므로서 영구적인 웨이브를 얻을 수 있는데 늘어나지 않은 자연모발을 α-케라틴이라고 하고 늘어난 모발을 β-케라틴이라고 부른다

2)퍼머넨트 웨이브의 물리 화학적 원리

퍼머넨트 웨이브 제품은 환원제와 산화제로 나누어져 있는데 제1제는 환원제, 제2제는 산화제로서 작용을 하며, 그 각 각의 작용을 보면 다음과 같다.

(1) 퍼머넨트 웨이브 제1제의 환원작용

퍼머넨트 웨이브제 중의 제1제는 환원제로서 티오글리콜산(thioglycolic acid)과 암모늄이 주원료인 알칼리성을 띤 제품으로 알칼리성분에 의해 모발을 팽윤 · 연화시키고 티오글리콜산은 모발의 시스틴결합을 환원시켜 절단시키는 작용을 한다.

| -S -S - | + 2HSCH$_2$COOH → | -SH HS- | + S - CH$_2$COOH

시스틴결합 티오글리콜산 시스테인 |

S - CH$_2$COOH · · · · · · ① 환원작용

디티오글리콜산

(2) 퍼머넨트 웨이브 제2제의 산화작용

퍼머넨트 웨이브제 중의 제2제는 산화제로서, 환원제(제1제)에 의해서 환원되어 절단된 시스틴결합을 산화시켜 재결합시키는 작용을 한다.

| -SH HS- | + O → | - S -S - | + H$_2$O · · · · · · · · · · · · · · · · · ② 산화작용

시스테인 시스틴

위 ①, ②의 식을 간략히 하면

$$| -S-S- | \underset{+O(\text{산화})}{\overset{+2H(\text{환원})}{\rightleftarrows}} | -SH\ HS - |$$ · · · · · · · · · · · · · · · ③ 환원 · 산화 작용

시스틴 시스테인

✲ 우선 모발에 환원제를 도포하게 되면

—: 염결합과 수소결합

—: 시스틴결합

① 제1제(환원제)에 포함된 알칼리 성분에 의해서 모발을 팽윤 · 연화시켜 어떤 형태의 로드로 와인딩하든지 모발의 형태가 변화되기 쉬운 조건으로 만들어 준다 –화학적인 원리

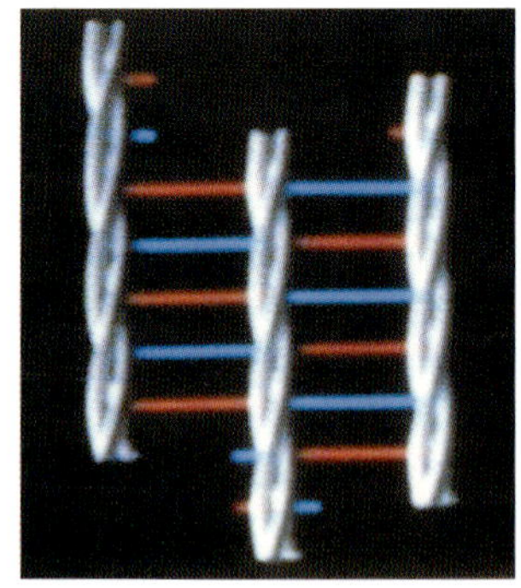

② 부드러워진 모발을 적당한 텐션을 가하여 로드에 와인딩하면 모발의 물리적 특성인 탄성에 의해서 늘어나는데 로드의 바깥쪽은 로드의 안쪽보다 더 많이 늘어나는 차이를 보이게 된다. – 물리적인 원리

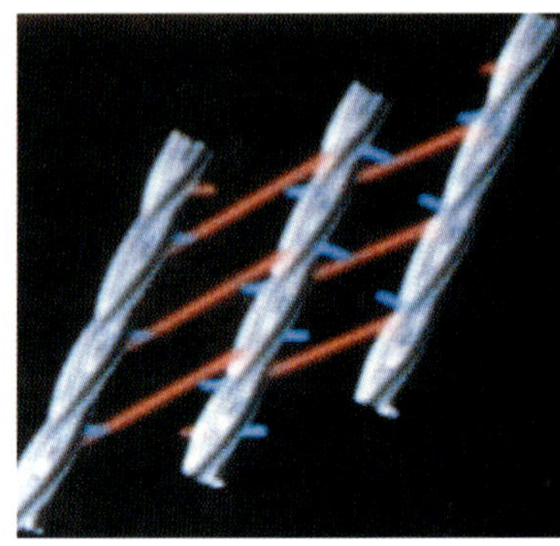

③ 위와 같이 로드의 바깥쪽과 안쪽의 늘어남의 차이가 생긴 상태에서 환원제인 티오글리콜산 또는 시스테인은 모발 케라틴의 측쇄결합인 시스틴결합을 환원시켜 절단하므로서 모발의 형태가 더욱 쉽게 변화 되도록 한다. – 화학적인 원리

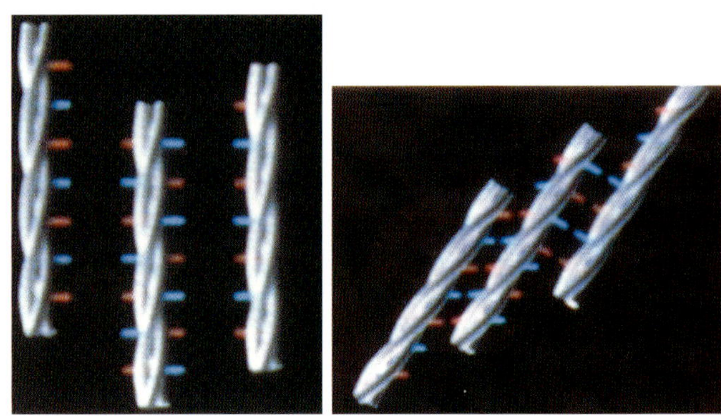

✲ 모발에 산화제를 도포하게 되면

④ 모발의 시스틴결합이 환원되어 절단된 상태로 로드의 모양에 따라 모발의 형태가 자연스럽게 변형되어진 모발에 제2제(산화제)를 도포하면 산화작용에 의해 시스테인을 재결합시켜 고정해주므로서 시술자가 선정한 로드의 모양에 따른 영구적인 웨이브가 형성된다.

3) 스트레이트 퍼머넨트의 원리

스트레이트 퍼머넨트와 웨이브 퍼머넨트의 환원과 산화의 기본원리는 동일하지만 퍼머넨트 웨이브는 직모에 웨이브를 형성시키는 것이고 스트레이트는 퍼머넨트 웨이브를 펴서 직모의 형태로 바꾸는 것이다. 즉 퍼머넨트 웨이브는 직모의 시스틴 결합을 환원 · 산화시켜 웨이브를 얻는 것이고, 스트레이트는 파상모의 시스틴결합을 환원 · 산화시켜서 웨이브를 없애고 직모를 얻는 것이다.

3. 퍼머넨트 웨이브제의 사용방법에 따른 분류

모발은 개인차가 매우 크기 때문에 개개인의 모발 특성에 적합한 퍼머넨트 웨이브제를 선정하여 올바른 방법으로 시술해주는 것이 모발의 손상을 최소화시킬 뿐만 아니라 성공적인 퍼머넨트웨이브를 연출해 낼 수 있는 방법이다.

퍼머넨트 웨이브제의 사용방법에는 크게 1욕법(one step wave), 2욕법(two step wave), 3욕법(three step wave)으로 구분할 수 있으며 각 각의 특징은 다음과 같다.

1) 1욕법(one step wave)

1욕법은 퍼머넨트 웨이브제 중 환원제 한가지만 사용해서 퍼머넨트 웨이브를 얻거나 또는 웨이브를 제거하여 스트레이트하는 방법으로 주로 티오글리콜산 암모늄을 주원료로 하여 만들어진 환원제를 사용한다. 티오글리콜산 암모늄이 모발 중의 시스틴 결합을 환원 절단시켜서 웨이브를 만들고 환원된 모발에 산화제를 사용하지 않고 공기중의 산소와 서서히 접촉하므로서 자연적으로 산화작용이 이루어지도록 하여 웨이브를 고정시키는 방법이다. 너무 장시간(약 8~10시간)에 걸쳐 웨이브가 완성되며 웨이브의 형성력도 낮아 업소용으로는 부적당하다.

2) 2욕법(two step wave)

2욕법은 가장 일반적으로 많이 사용하고 있는 방법으로 환원제와 산화제의 2종류로 나뉘어져 있는 제품을 사용해서 모발에 퍼머넨트 웨이브를 형성시키거나 스트레이트시키는 방법이다.

제1제는 환원제, 제2제는 산화제로 상온에서 시술하는 방법과 약 60℃까지 가온시켜서 사용하는 방법 등이 있다.

(1) **환원제**(processing lotion)

환원제는 액상과 크림상으로 나뉘어 지는데 액상은 가장 많이 사용하는 제품이며, 크림상은 스트레이트를 하는데 사용하거나 웨이브를 좀 더 약하게 형성되도록 할 때 액상과 함께 사용한다.

pH에 따라서는 일반적으로 알칼리성 퍼머넨트 웨이브 제품과 산성 퍼머넨트 웨이브 제품으로 구분되어진다.

알칼리성 퍼머넨트 웨이브 제품은 현재 많이 사용하고 있는 제품으로 pH가 약 9~11정도로서 모발을 팽윤, 연화시키기 쉬운 제품이며. 산성 퍼머넨트 웨이브 제품은 pH 4~6 정도를 나타내는 제품으로 모발을 팽윤, 연화시키는 작용이 약하기 때문에 염색, 탈색, 손상 모발에 사용하는 것이 효과적이다.

주성분은 티오글리콜산(thioglycolic acid) 또는 시스테인(cysteine)으로 구성되어 있으며 이들은 모발에 작용하여 시스틴결합을 환원시켜 절단시키는 작용을 한다.

환원제를 도포하고 약 10~20분이 경과한 후 테스트 컬(test curl)을 하여 환원제가 모발에 어느 정도 작용하였는가를 파악하여 방치시간(processing time)을 결정해야 하며 연화가 덜 되었을 경우에는 필요한 시간을 예측하여 환원제를 재도포하고 필요한 시간만큼 연화시킨 후 중간린스를 하므로서 원하는 웨이브를 얻을 수 있다.

방치시간이 초과(over time)하게 되면 모발이 팽윤되어 시술 후 본래의 형태로 돌아오지 않고 모발 표면에 주름이 잡히고 쪼글쪼글해져서 모발이 손상될 뿐 만 아니라 탄력이 없는 거친 웨이브를 형성하게 된다.

그 이유는 모발에 환원제를 도포하면 처음 10~15분까지는 매우 빠르게 환원이 진행되나 그 이후에는 환원속도가 느려지는데 이것은 모발에 환원제를 도포하면 곧 티오글리콜산의 환원작용이 활발히 진행되면서 수소(H)가 소실되어 차츰 환원력을 잃게 되기 때문이다.

이때 모발이 아직 연화되지 못하여 웨이브 형성력이 부족할 때는 환원제를 모발에 재도포해 주어서 환원력을 회복시켜 주도록 해야 한다.

만일 재도포해 주지 않은 상태로 계속 시간이 초과 하게 되면 티오글리콜산의 환원력은 없어진 상태이므로 더 이상 시스틴 결합은 환원 절단되지 못하기 때문에 잔여 알칼리성 약액으로 인해 모발은 더욱 팽윤만 되므로 결국 팽윤이 지나쳐서 모발이 쪼글 쪼글해지는 불가역변성에 의해 다시 본래의 모발형태로 되돌아가지 못하는 화학변화가 일어나 산화제 처리 후에도 거칠고 매끄럽지 못한 손상된 웨이브를 형성하게 되는 것이다.

① 티오글리콜산(thioglycolic acid) 퍼머넌트 웨이브제

티오글리콜산이 주성분이며 알칼리에서 강한 환원력을 가지고 있고 환원제의 적정 사용 농도는 정제된 티오글리콜산 2~7%이며, pH는 4.5~9.6 정도가 가장 많이 사용되고 있다.

환원력이 강하기 때문에 건강모발에 적용시키는 것이 효과적이다.

② 시스테인(cysteine) 퍼머넌트 웨이브제

주성분인 시스테인은 모발의 아미노산 성분과 동일한 것으로 모발손상을 감소시키고 시술 후 부드러운 웨이브를 얻을 수 있다는 장점이 있으므로 손상모발에 사용하면 효과적이다.

시스테인은 |-SH HS-|에서 수소(H)가 쉽게 떨어져 환원되면서 그 자신은 시스틴으로 되돌아 가는 환원력을 가지고 있지만 티오글리콜산보다 환원력이 약하고, 산화되기 쉽기 때문에 산화방지를 위한 안정제가 필요하다.

③ 산성 퍼머넌트 웨이브제

모발 본래의 pH에 가까운 4~6 정도의 약산성 퍼머넌트 웨이브제로서 티오글리콜산을 주성분으로 하며 암모니아수 등의 알칼리제를 사용하는 대신 계면활성제를 첨가한 제제이다.

산성 퍼머넌트 웨이브제는 일반 퍼머넌트 웨이브제의 약 10분의 1정도로 환원력이 약하기 때문에 알칼리에 저항력이 약해진 염색모, 탈색모, 손상모 등에 주로 사용한다.

퍼머넌트 웨이브 시술시 환원력이 약하기 때문에 제1제를 도포한 후 가는 로드를 이용하여 탄력있게 와인딩하고 와인딩이 끝나면 제1제를 재도포한 후 스티머로 열처리를 해준다. 방치시간이 끝나면 제2제를 2~3회에 걸쳐 도포해준다.

(2) 산화제(neutralizer)

산화제는 환원제에 의해 환원되어 절단된 시스틴 결합을 산화시켜 재결합시키는 역할을 하는데 산화제로서 과산화수소수(H_2O_2), 브롬산 나트륨($NaBrO_3$), 브롬산 칼륨($KBrO_3$)이 많이 사용된다. 산화제는 1회 도포 후 15~20분이 경과하는 동안 2~3회에 결쳐서 도포하는 것이 산화력을 높일 수 있는 방법이다.

그러나 과산화수소수는 모발을 탈색시키는 탈색작용이 커서 브롬산 나트륨, 브롬산 칼륨이 대체로 많이 사용된다.

브롬산 칼륨과 브롬산 나트륨은 3~5%의 수용액을 사용하는데 수용액의 농도가 3% 이하가 되면 산화력이 떨어지고 5% 이상이 되면 모발의 멜라닌 색소를 탈색시킬 수 있다.

3) 3욕법(three step wave)

3욕법은 모발이 굵고 큐티클이 촘촘하여 뻣뻣한 모발에 사용되거나 또는 심하게 손상된 모발에 자극를 주지 않고 탄력있는 웨이브를 형성시키기 위해 사용되는 방법이다.

제1제는 퍼머넨트 웨이브제가 침투하기 어려운 모발을 팽윤 · 연화시키기 위해 와인딩 전에 모발 위에 도포하는 특수활성제(active lotion)이다. 손상된 모발의 경우에는 모발케라틴의 성분을 함유한 모발보호제를 도포하므로써 모발의 손상을 줄이고 균일한 웨이브를 얻을 수 있도록 한다.

제2제(winding lotion)는 2욕법의 제 1제와 같은 작용을 하는 것으로서 환원작용을 하며 와인딩 후에 도포한다. 이 단계에서는 방치시간에 주의를 기울여야하며 가능한 가온이나 스티머의 사용은 하지 않는다.

제3제는 산화제로서 2욕법의 제2제와 같은 작용을 한다.

4. 퍼머넨트 웨이브제의 종류

웨이브를 형성시키는 방법은 열에 의해 웨이브를 형성시키는 히트 웨이브(heat wave)와 알칼리성 환원제의 환원작용에 의해 시스틴 결합을 절단시킨 후 다시 산화제를 사용하여 절단된 시스틴 결합을 재결합시켜 웨이브를 만드는 콜드 퍼머넨트 웨이브(cold permanent wave)로 크게 구분되어진다.

1) 퍼머넨트 웨이브 제1제(환원제)의 종류

(1) 티오글리콜산(thioglycolic acid)과 또는 그 염류가 주성분인 콜드 2욕법 퍼머넨트 웨이브제

시판되고 있는 대부분의 콜드 퍼머넨트 웨이브제가 여기에 포함된다. 제 1제의 주성분으로서는 알칼리성의 퍼머넨트 웨이브제의 경우에는 일반적으로 티오글리콜산과 암모니아가 가장 많이 사용되고 무취 형태로서는 티오글리콜산 모노에타놀아민이 사용된다.

산성 퍼머넨트 웨이브제의 경우 환원제의 pH는 4.0~6.5정도이다. pH의 조정에는 티오글리콜산과 암모니아나 모노에타놀아민에 적절한 양의 알칼리제를 첨가하는 방법이 있다.

염류로는 암모니아나 모노에타놀아민염과 같은 유기염기의 알칼리제로서는 암모니아, 수산화나트륨, 탄산수소나트륨(중탄산나트륨), 탄산수소 암모니아(중탄산 암모니아), 모노에타놀아민, 폴리에타놀아민등이 단독으로 혹은 수 종류의 조를 지어 사용된다. 환원제의 강도는 티오글리콜산으로 환산된 경우의 농도(%), pH, 알칼리에 의해 조정된다.

① 암모니아계의 알칼리성 퍼머넨트 웨이브제

암모니아는 모발을 적당하게 팽윤 · 연화시키는 작용이 있으며, 암모니아와 티오글리콜산과의 양이나 비율을 조정하여 부드러운(soft) 웨이브에서 강한(hard) 웨이브까지 폭넓게 형성시킬 수 있다. 퍼머넨트 웨이브 시술 가운데서 암모니아(NH_3)가 휘발하기 때문에 약제의 pH는 저하되고, 모발에 과잉 작용을 일으키는 것을 막을 수 있다. 또한 두피나 시술자의 손에도 알칼리제의 잔류가 적어지기 때문에 피부 자극도 적어진다. 그러나 암모니아 특유의 냄새가 난다.

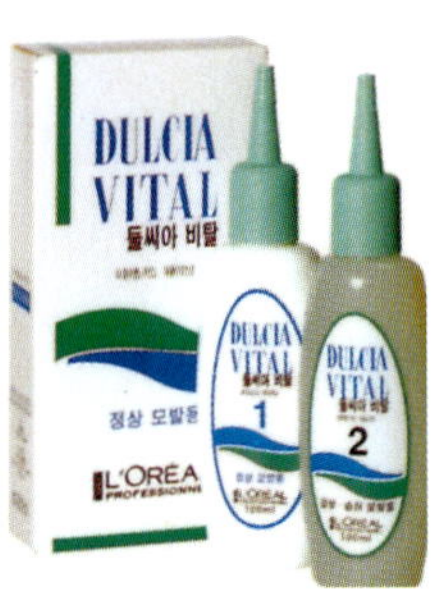

② 아민계의 알칼리성 퍼머넨트 웨이브제

아민계 알칼리중에서도 모노에타놀아민이 가장 많이 사용되고 있다. 아민은 암모니아와 달리 휘발하지 않는 알칼리이기 때문에 자극적인 냄새가 없다. 그러나 암모니아와 비교해서 모발에 대한 친유성과 잔류성이 높아 과잉작용이 될 우려가 있어 두피나 모발에 잔류하기 쉬우므로 시술후에는 깨끗하게 씻는 것이 중요하다. 한가지 분자중에 아미노기가 두가지 이상 있는 경우는 휘발성이 작은 알칼리이다.

③ 염기성 암모니아 계의 약알칼리성 퍼머넨트 웨이브제

pH가 낮은 퍼머넨트 웨이브제, 중성 퍼머넨트 웨이브제가 최근 점유성이 높아졌다. 약알칼리제로서 자극적인 냄새가 없고 에타놀아민보다 피부자극이 비교적 적다. 제품으로서는 pH가 낮기 때문에 모발의 팽윤도는 크지 않으므로 강한 퍼머넨트 웨이브를 얻는데는 부적합하다. 경모(硬毛)나 와인딩하기 어려운 모발에는 가는 로드를 사용하면서 시간을 길게 두면 좋다. 알칼리제는 무기계(無機系)의 분말상으로 사용하면 모발이 푸석거리는 경향이 있다.

④ 산성 퍼머넨트 웨이브제

모발의 pH는 4.5~5.5의 산성이므로 최대한 모발에 영향을 끼치지 않기 위해서 모발의 pH와 유사한 성분으로 구성되어 있어 웨이브의 형성력은 상당히 약하며 일반적인 시술방법으로는 만족된 웨이브를 얻기 힘들다. 시술시에 특별한 기법을 가져야 하는데, 베이스 섹션을 얇게 뜨고 가는 로드를 사용하여 강한 텐션을 주면서 와인딩 하여야 원하는 웨이브를 얻을 수 있다. 즉 화학적인 약제의 약함을 물리적인 힘으로 보충해서 시술해야 한다.

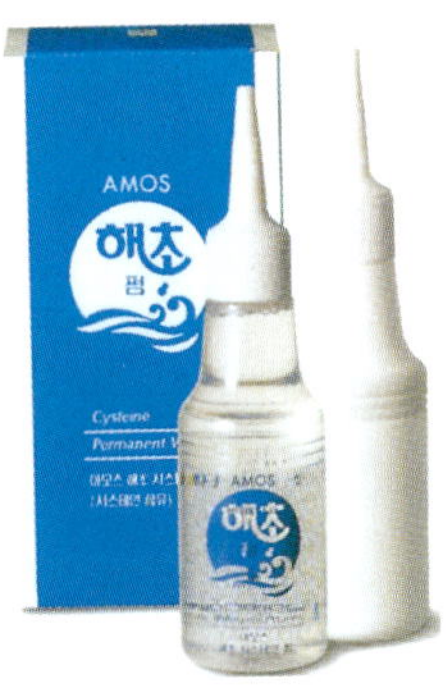

(2) 시스테인(cysteine)을 주성분으로 하는 콜드 2욕법 퍼머넌트 웨이브제

일반적으로 시스테인 퍼머넌트라고 불리우며, 이 제품이 시판되어 활성화된 것은 1970~1980년 사이이다.

시스테인(cysteine)은 아미노산의 한 종류이며, 모발 중에 포함되어 있는 시스틴(cystine)을 염산으로 가수분해시켜 얻어낸 것이다. 이때 시스틴을 환원시키면 시스테인을 얻을 수 있으며 시스테인은 티오글리콜산보다 분자량이 크다. 농도, pH, 알칼리는 시스테인이나 티오글리콜산이 거의 같으나 웨이브의 효과는 티오글리콜산보다 20~30% 정도 약하다. 시스테인 퍼머넌트 웨이브제의 경우 알칼리제는 모노에타놀아민이나 폴리에타놀아민과 같은 유기아민이 사용된다. 알칼리제 이외의 첨가제로서는 티오글리콜산계와 동일하다. 시스테인의 농도는 3.0~7.5%이지만 시판되는 제품으로는 5~7.5%이며, pH는 4~9 정도이다. 시스테인의 주성분은 염기성 아미노산이기 때문에 휘발성이 있다. 일반적으로 퍼머넌트 웨이브제의 pH는 변화하기 어렵고 pH를 높이기 위해서는 알칼리제를 추가시켜야한다.

여기서 알칼리양은 0.1N 염산 12㎖이하이며, 기준에 있는 퍼머넌트 웨이브제 중에서 가장 수치가 높아 환원성의 안정제를 첨가한다. 기준이 없지만 티오글리콜산 암모늄을 티오글리콜산의 농도에 환산해서 0.3~1.0%까지 첨가한다. 이 경우 시스테인 퍼머넌트 웨이브제의 효과를 높여 시술 중 시스틴 결정이 분출하는 것은 거의 없다. 이러한 기준에 의해 제품화된 시스테인 퍼머넌트 웨이브제는 티오글리콜산계의 퍼머넌트 웨이브제와 비교하면 특히 손상모에 사용하면 효과적이다.

시스테인 퍼머넌트 웨이브제의 장점은 자극적인 냄새가 적고 모발의 팽윤도가 작아 모발 손상이 적고 퍼머넌트 웨이브 시술 후의 웨이브가 자연스럽지만 가격이 티오글리콜산계 보다 비싸며, 불안정하고 웨이브의 형성력이 떨어진다.

시스테인 퍼머넌트 웨이브제의 제2제의 주성분은 브롬산염이며 과산화수소는 사용할 수 없다.

(3) 티오글리콜산(thioglycolic acid) 또는 그 염류가 주성분인 가온 2욕법 퍼머넌트 웨이브제

환원제를 모발에 도포하고 로드를 이용하여 와인딩한 후 비닐 캡을 씌워 스팀적외선 램프(lamp) 등으로 가온하는 방식과 플라스틱제의 세팅(setting)기 또는 경질 고무제의 세팅기를 가열장치로 가열하여 모발에 와인딩하는 가온방식, 아이론(iron)에 의한 방식 등에 사용되는 퍼머넌트 웨이브제이다.

가온방식 웨이브제는 콜드 2욕법 퍼머넌트 웨이브에 비해 티오글리콜산의 농도, pH, 알칼리의 수치는 낮게 설정되어 있다. 이는 열에 의한 웨이브의 방치시간의 초과를 방지하기 위한 처방이다.

콜드 2욕법 퍼머넌트 웨이브와 가온 2욕법 퍼머넌트 웨이브를 비교해 보면 주성분의 농도, pH, 알칼리량이 다르기 때문에 사용시의 조건은 당연히 달라진다. 제1제 및 제2제를 모발에 적용할 때의 온도는 60℃ 이하라고 규정되어 있다. 가온 2욕법 퍼머넌트 웨이브의 제2제는 콜드 2욕법 퍼머넌트 웨이브의 제2제의 기준과 같다. 브롬산염 제2제와 과산화수소 제2제의 어느 것을 사용해도 된다.

(4) 티오글리콜산(thioglycolic acid) 또는 그 염류가 주성분인 콜드 1욕법 퍼머넌트 웨이브제

이 퍼머넌트 웨이브제는 환원되어 생긴 시스테인을 공기 중의 산소로써 서서히 산화시키는 것으로 제2제를 사용하지 않는 것이 특징이다. 제1제의 주성분으로는 티오글리콜산 또는 그 염류가 사용된다. 제1제의 티오글리콜산의 농도가 높으면 산화가 불충분하기 때문에 3.0~3.3%라는 낮은 농도에 기준치가 설정되고 pH는 9.4~9.6의 좁은 범위에 한정되어 있다. 알칼리수치는 0.1N염산 3.5~4.6ml로서 웨이브제 중에서 가장 낮게 설정되어 있다. 일반적으로 웨이브 효과가 약하기 때문에 와인딩시 가는 직경의 로드를 사용한다. 1욕법 퍼머넌트 웨이브제는 실온에서 모발에 적용하거나 또는 그 염류가 주성분인 콜드식에만 인정된다.

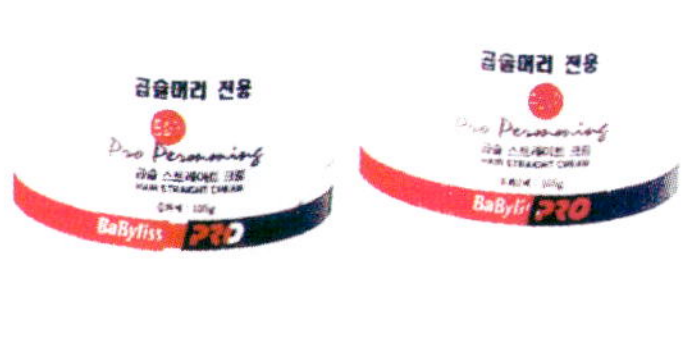

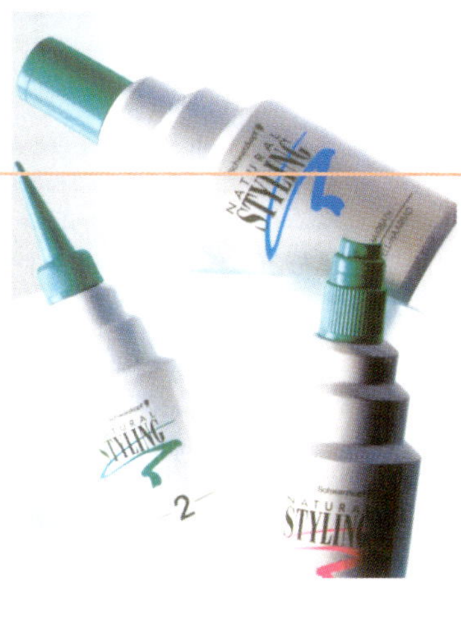

(5) 티오글리콜산(thioglycolic acid) 또는 그 염류가 주성분인 콜드 2욕법 축모교정제

구미에서는 흑인의 모발에 행한 축모교정제로서 헤어스트레이트(hair straight)라 불리운다. 현장에서의 퍼머넨트 웨이브 시술로는 곱슬머리의 교정과 강하게 웨이브진 머리를 풀어주는 방법으로 사용하였다. 1983년경 이 제품이 유행되었고, 현재 다양한 기법과 직모로 피는 효과를 높이기 위한 제품이 등장했으며 기법으로는 보통의 퍼머넨트 웨이브제에 전분가루 등을 혼합해 점도를 높이고 패널(panel)이라는 수지제의 판 위에 스트랜드(hair strand)를 대고, 약제를 발라서 빗의 등으로 바짝 당겨서 눌러 빗어 패널에 부착시켜 건조시킴으로써 직모의 효과를 얻도록 하는 방법도 있다.

(6) 티오글리콜산(thioglycolic acid) 또는 그 염류가 주성분인 가온 2욕법 축모교정제

곱슬 정도가 강한 축모 등에 사용하는 제품으로 pH는 4.5에서 9.3 정도이며 제1제 및 제2제를 모발에 적용할 때의 온도는 60℃ 이하로 규정되어 있다.

가온 2욕법 축모교정제를 모발에 바른후 골고루 도포되도록 빗어주고 20~40분 정도 방치한 후 플레인 린스를 해서 헹구어 낸 뒤 타올과 드라이를 이용해서 모발을 95%정도로 말린 후 가온시킨 곱슬머리 스트레이트용 기구를 이용해서 섹션을 나누어가며 모발을 매끈하게 펴준다.

2) 퍼머넨트 웨이브 제2제(산화제)의 종류

제2제의 주성분으로서 브롬산염류나트륨, 과붕산나트륨 및 과산화수소를 사용한다. 구미에서는 80~90%가 과산화수소를 사용하고 있으며 10~20%가 브롬산염류를 사용하지만 동양권에서는 반대로 과산화수소보다 일반적으로 브롬산염류를 많이 사용하고 있다.

(1) 브롬산염류에 의한 제2제

브롬산염류에는 브롬산칼륨과 브롬산나트륨이 주로 사용되는데 산화작용에 관한 것은 같으나 브롬산칼륨이 브롬산나트륨보다 물에 녹는 양이 적다. 0℃에서 물 100㎖에 약 3g이 녹으나 브롬산 나트륨은 약 28g이 녹는다. 20℃에서는 브롬산칼륨 약 7g에 비해 브롬산나트륨은 약 35g으로서 약 5배의 용해도를 가지고 있다. 따라서 브롬산나트륨쪽이 상온에서 진한 수용액이 만들어지고 제2제의 처리시간이 짧으므로 많이 사용되고 있다. 브롬산염의 경우 산성에서 안정된 상태를 유지하기 어려우므로 시판되는 액상의 제2제의 pH는 5.0~7.5가 많다.

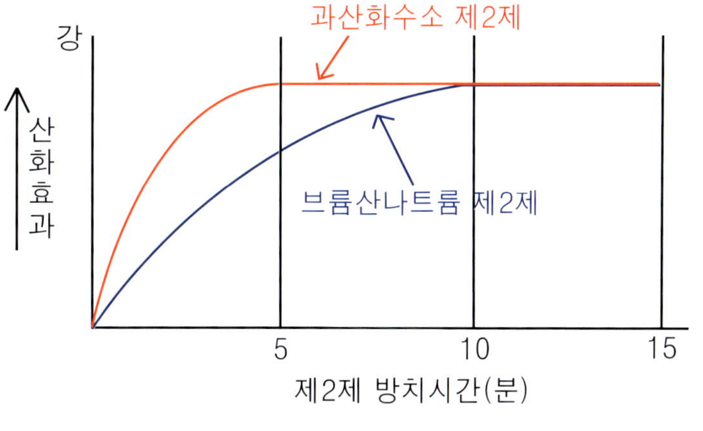

그림 2-1 방치시간에 따른 과산화수소와 브롬산나트륨의 산화효과

(2) 과산화수소에 의한 제2제

과산화수소는 산성에는 안정되고 알칼리성에는 불안정하므로 pH가 낮게 설정되어 있으며 시판품은 pH2.5~3.5가 많다. 또한 과산화수소는 브롬산염에 비해 화학적으로 불안정하고 햇빛이나 미량의 중금속에 쉽게 분해되기 때문에 처방에 따라 특별한 주의가 필요하다.

모발의 팽윤은 pH의 차이에 의해 변화되기 쉬우므로 사전처리의 잘못에 의해 제2제의 pH가 달라지면 모발의 팽윤이나 산화속도, 모발에의 작용에 영향을 끼친다. 따라서 항상 일정한 pH수치로서 반응이 진행되는 것이 안전하다.

표 2-1 퍼머넨트 웨이브제의 기준

<table>
<tr><th colspan="2" rowspan="3">규격치
분 류</th><th colspan="3">제1제</th><th colspan="5">제2제</th><th rowspan="3">제1제
제2제
사용시
온도조건</th></tr>
<tr><th rowspan="2">pH</th><th rowspan="2">알칼리도 ml(0.1N 염산의소비량)</th><th rowspan="2">환원후의 환원성물질(%)(티오글리콜산 농도)</th><th colspan="2">주제가브롬산나트륨·칼륨, 과붕산나트륨인 제2제</th><th colspan="3">주제가과산화수소인 제2제</th></tr>
<tr><th>산화력</th><th>pH</th><th>산화력</th><th>pH</th><th>과산화수소농도 %</th></tr>
<tr><td colspan="2">1. 티오글리콜산 또는 그염류가 주성분인 콜드2욕법퍼머제</td><td>4.5~9.6</td><td>7ml 이하</td><td>2.0~7.0%</td><td>3.5 이상</td><td>4.5~9.0</td><td>0.8~3.0</td><td>2.5~4.5</td><td>2.5(%) 이하</td><td>실온(1~30도)</td></tr>
<tr><td colspan="2">2. 시스테인이주성분인 콜드2욕법 퍼머제</td><td>8.0~9.5</td><td>12ml이하 비휘발성 알칼리무함유</td><td>시스틴농도 3.0~7.5%</td><td>3.5 이상</td><td>4.5~9.0</td><td></td><td></td><td></td><td>실온(1~30도)</td></tr>
<tr><td colspan="2">3. 티오글리콜산 또는 그염류가주성분인 가온2욕법 퍼머제</td><td>4.5~9.3</td><td>5ml이하</td><td>1.0~5.0%</td><td>3.5 이상</td><td>4.0~9.0</td><td>0.8~3.0</td><td>2.5~4.5</td><td>2.5(%) 이하</td><td>60도 이하</td></tr>
<tr><td colspan="2">4. 티오글리콜산 또는 그염류가주성분인 콜드1욕법 퍼머제</td><td>9.4~9.6</td><td>3.5~4.6ml</td><td>3.0~3.3%</td><td></td><td></td><td></td><td></td><td></td><td>실온(1~30도)</td></tr>
<tr><td rowspan="3">5.티오글리콜산 또는그염류가 주성분인제1제 사용시조제발열 2욕법퍼머제</td><td>제1제 의(1)</td><td>4.5~9.5</td><td>10ml 이하</td><td>8~19%</td><td rowspan="3"></td><td rowspan="3"></td><td rowspan="3">0.8~3.0</td><td rowspan="3">2.5~4.5</td><td rowspan="3">2.5(%) 이하</td><td rowspan="3">제1제 온도상승(14~20도)
제2제 실온(1~30도)</td></tr>
<tr><td>제1제 의(2)</td><td>2.8~3.8</td><td colspan="2">과산화 수소 농도 2.7~3.0%</td></tr>
<tr><td>제1제의 (1)과(2) 의혼합액</td><td>4.5~9.4</td><td>7ml 이하</td><td>2~11%디티오디글리콜산 농도3.2~4.0%</td></tr>
<tr><td colspan="2" rowspan="2">6. 티오글리콜산 또는 그염류가주성분인 콜드2욕법 축모교정제</td><td rowspan="2">4.5~9.6</td><td>7ml 이하</td><td>2.0~7.0%</td><td rowspan="2">3.5 이상</td><td rowspan="2">4.0~9.0</td><td rowspan="2"></td><td rowspan="2"></td><td rowspan="2"></td><td rowspan="2">실온(1~30도)</td></tr>
<tr><td colspan="2">점도40,000CPS이하</td></tr>
<tr><td colspan="2" rowspan="2">7. 티오글리콜산 또는 그염류가주성분인 가온2욕법축모교정제</td><td rowspan="2">4.5~9.3</td><td>5ml이하</td><td>1.0~5.0%</td><td rowspan="2">3.5 이상</td><td rowspan="2">4.0~9.0</td><td rowspan="2"></td><td rowspan="2"></td><td rowspan="2"></td><td rowspan="2">60도 이하</td></tr>
<tr><td colspan="2">점도40,000CPS이하</td></tr>
</table>

5. 퍼머넨트 웨이브제의 구성성분

1) 제1제(환원제)의 구성성분

(1) 환원제

웨이브를 만들기 위한 가장 기본이 되는 성분이다.

① 티오글리콜산(thioglycolic acid) 또는 그 염류

티오글리콜산은 무색의 액체로서 특이한 냄새가 있으며 시스틴결합을 환원시키는 주원료로서 사용된다. 티오글리콜산은 원래 산성물질로서 산에는 환원력이 약하나 알칼리에는 환원력이 강해지는 성질을 갖고 있다. 환원작용이 강하다고 하는 것은 산화되기 쉬운 것으로서 티오글리콜산이 공기 중의 산소에 의해 디티오글리콜산(dithioglycolic acid)으로 산화되어 환원작용을 잃어버린다. 따라서 보존시에는 용기를 잘 밀봉하고 냉암소에 보관하며, 개봉된 액은 가능한 빨리 소비한다. 티오글리콜산은 철이나 구리 등의 금속과 반응하여 약제의 효과가 없어지므로 금속제의 용기나 기구는 사용하지 않도록 한다. 주성분인 티오글리콜산의 농도는 95% 이상이며 암모니아나 모노에타놀아민 염은 5% 정도로 사용한다.

② 시스테인(cysteine)

모발이나 새의 날개를 원료로 가수분해해서 얻어낸 시스틴을 환원한 후 수소를 첨가한 것이 시스테인이다. 모발은 케라틴이라는 경단백질이며, 여기에 산 또는 알칼리를 가해 가수분해시키면 약 18종류의 분자량 75~250정도의 적은 아미노산으로 나누어진다.

시스틴은 모발속에 가장 많이 함유된 아미노산으로 모발에 중요한 성분이 되고 있으며 시스테인은 이러한 시스틴을 가수분해하여 환원시켜 수소(H)를 첨가한 환원제로서 티오글리콜산과 같은 모양으로서 퍼머넨트 웨이브제의 제1제의 주성분으로 사용된다.

시스틴 결합이 티오글리콜산에 의해 환원되어 시스틴 결합이 절단되듯이 시스틴 단독으로 환원된다. 즉 케라틴에서 분리 정제(精製)한 시스틴은 전해환원(電解還元)이라는 방법에 의해 시스테인으로 변화된다. 이 시스테인은 수소가 시스테인에서 쉽게 떨어져 환원됨과 동시에 그 자신은 처음의 시스틴으로 돌아가는 성질을 가지고 있다.

시스테인 퍼머넨트 웨이브제는 pH를 약 알칼리성으로 조성한 것이다. 그러므로 티오글리콜산에 비해 환원력이 약하기 때문에 그 반응을 촉진하기 위하여 가온할 필요가 있다. 티오글리콜산에 비해 냄새가 없는 반면 안정성이 부족하여 시스테인이 산화되기 쉽기 때문에 산화방지의 안정제가 필요하며 시스틴은 시스테인과 달리 물에 녹기 어렵기 때문에 모발 속에 산화된 시스틴이 남기쉽다.

(2) 알칼리제(웨이브의 강도를 조정하는 성분)

① 유기 알칼리

유기 알칼리에는 에타놀아민이나 프로페놀아민이 사용된다. 에타놀아민에는 모노에타놀아민, 디에타놀아민, 폴리에타놀아민등 3종류가 있다.

에타놀아민은 점성이 있는 액체이고 프로페놀아민은 백색의 결정성 분말로서 냄새가 거의 없다. 이 유기아민은 불휘발성이며, 모발이나 손가락 사이에 남기 쉽기 때문에 주의 할 필요가 있다.

② 무기 알칼리

무기 알칼리에는 암모니아와 같이 휘발성이 있어 시술중에 휘발되어 알칼리가 적어지는 것과 수산화나트륨과 같이 휘발되지 않는 것이 있다.

휘발성 알칼리로는 암모니아, 탄산암모늄, 중탄산암모늄등의 암모니아 염이 사용된다. 암모니아는 자극적인 냄새가 강하나 그 양의 조절에 의해 웨이브의 강도를 자유롭게 조절할 수 있고, 탄산염과의 병용 등으로 폭넓게 사용되고 있다.

불휘발성 무기 알칼리로는 수산화나트륨, 수산화칼륨, 탄산나트륨등의 강한 알칼리제가 있다. 그 배합량은 티오글리콜산을 주성분으로 하는 퍼머넨트 웨이브제나 축모교정제에는 티오글리콜산의 대응량 이하로 제한되어 있고, 시스테인 퍼머넨트 웨이브제에는 사용할 수 없게 되어 있다.

2) 제2제의 구성성분

(1) 산화제

산화제의 역할은 환원제로 환원 절단된 시스틴결합을 본래의 상태로 되돌려 주기 위해 산화작용을 하는 것이다.

① 브롬산염

브롬산염으로는 브롬산나트륨, 브롬산칼륨이 있으며, 백색의 결정성 분말로서 무취이다. 브롬산나트륨염이 용해도가 크기 때문에 주로 사용되며, pH는 6~7로서 중성이지만 보존중에 차차로 낮아지는 경향이 있다. 분말상의 브롬산염과 가연성의 것이 섞이면 발화되어 화재의 위험이 있으며 특히 제1제가 섞여서 건조되면 발화가 쉽기 때문에 보관에 주의 해야 한다. 브롬산나트륨의 기초가 되는 브롬은 해수 중에 많이 포함되어 있어 공업적으로는 주로 암염(岩鹽)에서 정제시켜 이를 원료로 하여 브롬산염으로 합성한 것이다.

② 과붕산 나트륨

백색의 분말로서 무취이며 현재 많이 사용되지 않고 있다. 수용액은 알칼리성으로 조금씩 산소를 방출하여 분해하기 때문에 장기간 보존할 경우 분말상태로 있어야 한다.

③ 과산화수소(H_2O_2)

$$H_2O_2 \longrightarrow H_2O + O$$

분해하면 H_2O+O 를 생성하며, 퍼머넨트 웨이브의 산화제로서 역할을 끝내면 물밖에 남지 않는 단순한 화합물이다. 그러나 완전하게 이물질과 접촉을 차단하여 보존하면 오랫동안 분해되지 않으며, 그 작용은 알칼리성 용액 속에서 아주 강하다.

원료로서 통용되고 있는 과산화수소는 35%와 60%의 두 종류로서 36%를 넘는 것은 소방법에 의해 위험제로서 지정되어 있다.

과산화수소는 강력한 산화력 이외에 표백작용이나 살균작용을 갖추고 있으며 무심코 피부에 닿으면 수종(水腫)이 생기어 마치 드라이아이스를 손가락으로 집어 하얗게 된 것과 같은 화상을 일으킨다. 그러므로 6%를 넘는 것은 극물(劇物)로 지정되어 따로 보관되어진다.

3% 수용액은 상처의 살균 · 소독에 사용되고 미용실에서 모발 염색과 탈색에 사용되는 산화제의 과산화수소의 농도는 6~9%를 사용하고 있으며, 서양에서는 9~12%까지도 사용하고 있다. 과산화수소를 제2제에 사용하는 이점은 빠르고 부드럽게 정착되어 웨이브의 감촉이 부드럽기 때문이다.

(2) 첨가제

① 침투제

계면활성제가 사용되어 약액의 표면장력을 작게 하는 작용이 있고 분자 중에는 친수기와 친유기가 있다. 계면활성제가 물에 용해되어 친수 · 친유기 중 그 기가 나타내는 이온성에 따라 음이온계면활성제, 비이온계면활성제, 양이온계면활성제, 양성계면활성제 등 4종류로 분류된다.

✲ 음이온(anion)계면활성제 : 친유기부분이 음이온성에 해리되는 것으로 지방산 고급알코올, 아황산에스텔, 인산에스텔, 구루타민산나트륨 등 종류가 많다.

✲ 양이온(cation)계면활성제 : 친유기부분이 양이온으로 해리되며 제4 암모늄염이 사용된다. 양이온계면활성제는 침투제, 유화제로서 뿐만 아니라 정전기 방지제, 살균제, 유연제 등으로도 사용되고 헤어린스(hair rinse)제와 헤어컨디셔너(hair conditioner) 등의 원료로서도 사용되고 있다.

✲ 양성(amphoteric)계면활성제 : 양이온성과 음이온성의 두 기능을 한 개의 분자구조내에 함께 갖고 있는 계면활성제로 산성에서는 양이온성, 알칼리성에서는 음이온성의 계면활성제로 작용한다. 살균작용과 피부나 눈에 대한 자극이 약하며 샴푸원료, 섬유처리제 등에도 사용되고 있다.

✲ 비이온(nonion)계면활성제 : 이온으로 해리되지 않는 계면활성제로서 종류가 많다. 대표적인 것으로 고급지방산과 폴리에틸렌 글리콜의 에스테르, 고급알콜과 폴리에틸렌 글리콜과의 에테르 등이 있다. 물에 잘 녹는 것과 물에 잘 녹지않는 것, 상온에서 액체인 것 등 여러 가지가 있다.

② 습윤제

피부나 모발의 적당한 수분함유를 위해 첨가한 것으로 글리세린, 프로필렌글리콜, 피롤리돈카르본산나트륨액 등외에 동식물 추출 성분 등에도 습윤작용이 있는 것이 많다. 그 외 양모성분으로서는 동물의 힘줄이나 가죽 등에서 얻어지는 콜라겐이라는 단백질을 처리하여 얻어지는 젤라틴이나 가수분해 프로테인도 사용된다. 모발의 손상부위에 잘 흡착되는 성질이 있기 때문에 손상모의 회복과 약액에서의 모발 보호를 위해서도 사용되어지고 있다. 최근에는 히아루론산과 같은 바이오 성분이 주목되고 있다.

③ 유화제, 가용화제

퍼머넌트 웨이브제에는 피부나 모발을 보호하기도 하고 감촉을 좋게 하는 목적으로 유지, 왁스 그외의 성분이 추가된다. 물에 녹지 않는 것이나 녹기 어려운 성분을 용해시키기도 하고 분산시키기 위해 사용하는 성분이 유화제, 가용화제이다. 유화제로서 사용되는 것은 침투제로서 계면활성제가 주역으로 기름의 입자 표면에 친유기의 유성을 친수기에 접하는 상태에 배열하고 기름의 입자가 집합해서 기름과 물이 분해하는 것을 막는다. 유화한 물질은 에멀젼이라 불리우며 유액상이나 크림상이 되지만 입자가 한층 미세하게 되면 투명한 용액상이 되는데 이를 가용화라 하며 역시 계면활성제가 사용된다.

④ 유성성분

모발에 유분이나 영양분을 보급하고 모발을 약제에서 보호하는 목적으로 첨가하는 성분이다. 동식물유, 왁스, 광물유, 피만유, 면실유, 카카오류 등이 있다.

이러한 동식물유에서 얻어지는 올레인산, 스테아린산, 에탄올, 스테아린알콜 등이 사용된다. 동식물유의 대부분은 고급지방산이나 고급알콜 혹은 에스테르이다. 상어의 간유에서 얻어지는 스쿠알렌이나 수소가 추가된 스쿠알란은 탄화수소이다. 광물유류에는 유동파라핀, 바세린, 파라핀, 세레신등의 천연 탄화수소가 사용되어지고 있었지만, 최근 합성 혹은 질이 개선된 탄화수소류가 늘고 있으며 이러한 것들은 물에 녹지 않는 액상이다.

⑤ 착색제

사용되는 착색제는 화장품이나 퍼머넨트 웨이브제에 사용할 수 있는 색소로서 법정색소라고도 부른다. 이 법정색소는 햇빛, 열, 산, 알칼리 산화제, 환원제 등의 약품에 약한 것이 많고, 퍼머넨트 웨이브제의 제1제나 제2제 등은 강한 환원제나 산화제를 포함하기 때문에 안정된 색소는 한정되어지고 변색과 퇴색되는 색소가 많이 있다. 특히, 직사광선이 닿는 장소나 온도가 높은 장소에서는 색이 변화되기도 하고 소멸되는 것도 있다.

⑥ 향료

천연의 향료로서는 식물의 꽃이나 잎 등에서 얻어지는 정유(精油)라는 성분과 동물의 분비물을 사용하기도 하며, 천연의 향료에 가까운 것으로 배합해서 사용되고 있다. 향료는 산화제나 환원제, 열등에 약한 것이 많기 때문에 퍼머넨트 웨이브용으로는 한정되어있다.

⑦그 외의 원료

티오글리콜산이나 시스테인, 과산화수소(H_2O_2) 등은 철(Fe), 구리(Cu) 그외의 금속이 약간만 들어가도 안전성이 나빠진다. 미량의 금속이라도 결합시키는 금속봉쇄제를 안정제로 첨가한다.

금속봉쇄제는 금속을 에워싸서 티오글리콜산이나 시스테인, 과산화수소와 금속이 반응하지 않도록 하며, 이 작용을 하는 성분에는 에데도산염이나 구연산, 인산 등이 있다. 피부의 염증을 막는 목적으로 항염증제를 첨가하는 것도 있다.

표 2-2 퍼머넨트 웨이브제의 기본구성성분

배합목적	제 1 제	제 2 제	배합기준및유의점
환원제	티오글리콜산암모늄, 티오글리콜산에탄올아민, L-시스테인, L-1시스테인염산염 등		냉욕식, 가온식공히 배합량. 기준치의 상한부근이 다수
산화제		브롬산나트륨, 브롬산칼륨, 과산화수소	브롬산염은 6~10%
알칼리제	휘발성무기알카리, 비휘발성무기알칼리, 유기알칼리, 알라닌 등		통상 pH8.0~9.0
pH조정제		구연산, 구연산나트륨 등	pH는 5~7정도 pH안정화를 위한 buffer type이 다수
안정제	에데도산염, 구연산, 티오글리콜산 등	에데도산, 인산등	시스테인주제 1제에 티오글리콜산은 1.0%이하
침투제, 유화제	양이온, 음이온, 비이온계면활성제		
습윤제	글리세린, 솔비톨, 피롤리돈카르본산나트륨, 가수분해프로테인, 식물추출물, 히아루론산, 시스테인 등		티오글리콜산 주제 제1제에 시스테인 3%미만
유성성분	라놀린, 올리브유, 유동파라핀, 스쿠알란, 바셀린, 고급지방알코올 등		
착색제	법정색소		
기 타	향료, coating제(실리콘오일, 양이온화 셀룰로우스, 점증제 등)		

로드(rod)

로드(rod)

로드(rod)

로드(rod)

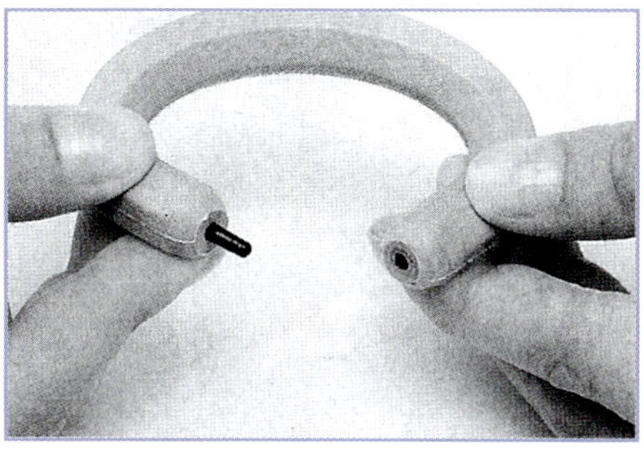

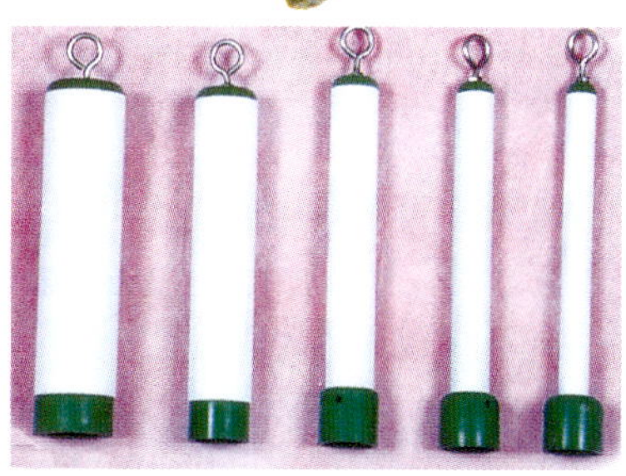

6. 퍼머넨트 웨이브 로드의 종류

로드(rod)란 퍼머넨트 웨이브를 형성시키기 위해서 여러 가지 모양으로 제작되어진 도구를 말한다. 퍼머넨트 웨이브를 디자인하는데 있어서 로드의 모양과 굵기의 적절한 선정은 원하는 웨이브의 형성에 큰 비중을 차지한다.

소재로는 플라스틱, 고무, 스폰지, 세라믹등으로 되어 있으며 일반 퍼머넨트 웨이브 로드와 특수 퍼머넨트 웨이브 로드로 구분되어진다.

1) 일반 퍼머넨트 웨이브 로드

일반 로드는 원통형이면서 가운데가 오목하고 로드 표면에 요철이 있는 것과 표면이 매끈한 형이 있는데 로드 표면이 각진 것이 매끈한 로드보다 웨이브가 강하게 형성된다.

2) 특수 퍼머넨트 웨이브 로드

특수 로드는 여러 가지 헤어디자인을 연출할 수 있도록 매우 다양한 모양과 종류로 특별히 제작된 로드로 스트레이트, 르네상스, 트위스트, 다이렉트, 올림픽로드 등 제작한 회사에 따라서 명칭이 다양하다.

7. 퍼머넨트 웨이브 형성에 영향을 주는 요인

1) 모질의 상태

모발의 화학적 원리를 중심으로 웨이브 형성을 살펴보면 같은 퍼머넨트 웨이브제를 사용해도 개인의 모표피 상태에 따라 웨이브 형태가 달라지는 것을 볼 수 있다. 모표피는 어류의 비늘층과 같은 모양으로 겹쳐져서 겹쳐진 부분의 약 1/5이 모발의 표면으로 되고 남은 4/5는 겹쳐져 있으며, 모선쪽으로 감에 따라 겹쳐지는 간격이 좁아진다.

모표피는 경질의 케라틴으로서 친유성으로 유성은 잘 흡착되지만 수성에는 어울리기 어려운 성질이 있어 퍼머넨트 웨이브제가 모발에 침투하는 것은 모표피와 모표피 사이의 틈을 통과하여 모피질에 들어가는 것이다. 모피질은 친수성이기 때문에 퍼머넨트 웨이브제를 잘 흡수하여 팽윤된다. 따라서 모표피가 건강하고 간격이 좁으면 약제의 침투성이 어렵고, 웨이브의 형성도 어려워진다. 반면 모표피의 간격이 넓으면 퍼머넨트 웨이브제의 침투가 용이하여 웨이브는 강하게 형성된다.

일반적으로 동양사람의 모발은 서양사람의 모발보다 모표피의 간격이 넓어 서양인의 모발보다 웨이브가 잘 형성된다.

모질의 면에서 비추어 보면 모피질의 상태에 의해 좌우되는데, 모발의 신축성이 좋을수록 웨이브가 오래 지속되므로 퍼머넨트 웨이브 시술 시 신축성이 좋은 모발은 다소 직경이 큰 로드를 사용해도 무난하다. 모발의 신축성은 모발의 상태 또는 상황에 따라 변화하는데 모발 한 가닥을 뽑아 양손의 엄지와 검지 손가락 사이에 쥐고 천천히 양쪽으로 당겨 늘린다. 이때 늘어났다가 천천히 수축되어지는 모발이 신축성이 좋은 모발이고 당겼을 때 쉽게 끊어지는 모발은 신축성이 적은 모발이다.

일반적으로 퍼머넨트 웨이브의 시술시 모발의 시스틴결합은 제1제에 의해 약 20~30%정도 밖에 환원되지 않는다. 그러므로 모피질층에 시스틴 함유량이 많은 모질이 웨이브가 오래 유지되며, 손상모발, 붉은 모발(赤毛), 어린이의 모발들은 일시적으로 웨이브가 유지되는 것 같으나 곧 없어져 버리는 경향이 있다.

이상과 같이, 동일한 퍼머넨트 웨이브제와 퍼머넨트 웨이브기법을 사용해도 모질의 상태에 따라 퍼머넨트 웨이브가 형성되고 유지되는 것이 달라진다.

2) 베이스 섹션과 로드의 직경

콜드 퍼머넨트 웨이브에서 로드의 형태는 기본 로드의 형태인 라운드를 비롯하여 콘케이브(concave), 스파이럴(spiral), 오발(oval)형태가 있고 재질로는 나무, 플라스틱, 나일론, 세라믹 등 다양해지고 있는 추세이다.

베이스 섹션의 크기는 모질의 상태와 사용된 로드의 길이와 굵기에 따라 알맞게 잡는다.

밀도가 높은 굵은 모발의 경우는 베이스 섹션을 작게 뜨고 지름이 큰 로드를 사용하여야 효과적인 웨이브가 나온다. 보통 굵기의 모발은 베이스 섹션을 작게 뜨면서 중간 크기의 로드를 사용한다. 가는 모발은 베이스 섹션을 작게 하고 지름이 작은 로드를 사용하여 모발에 자국이 나거나 손상되지 않도록 하면서 두피 쪽의 모근부분까지 웨이브가 형성될 수 있도록 한다.

염색 및 탈색모일 경우 베이스 섹션을 작게 뜨면서 로드의 지름이 큰 것을 사용하는데 만일 염색이나 탈색된 모발의 직경이 작을 경우에는 섹션을 작게 하면서 중간 굵기의 로드를 사용한다. 일반적으로 목덜미 부분은 섹션을 작게 하면서 가는 로드를 사용하도록 한다.

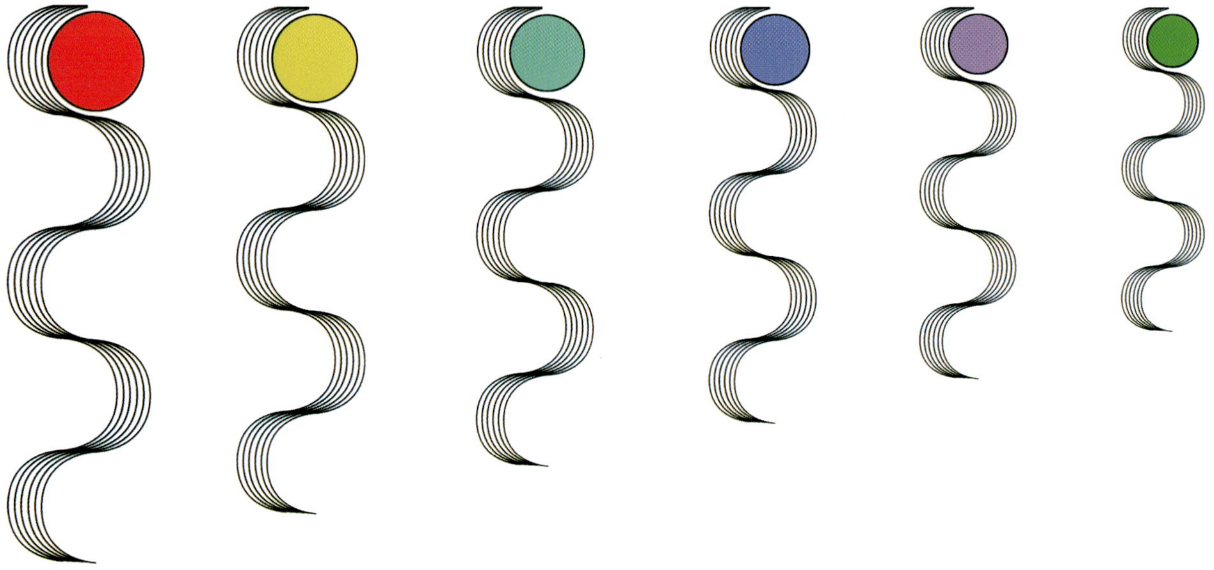

그림 2-2 로드의 직경과 웨이브

로드의 선정은 퍼머넌트 웨이브 시술에 있어 가장 기본적인 것으로 컬의 강 · 약이 결정되며, 모발의 길이에 따라 로드의 선정 기준이 달라져야 한다. 모발의 길이가 짧을 경우에는 가는 로드를 선정하는 것이 일반적이지만 모발이 긴 경우에는 로드의 선정과 와인딩 기법에 의해서 웨이브가 형성된 모양이 다양하게 연출될 수 있다.

✻ 퍼머넌트의 효율

$$\text{퍼머넌트의 효율} = \frac{\text{로드의 직경}}{\text{형성된 컬의 직경}} = 1$$

퍼머넌트의 효율은 1이 가장 이상적이지만 실제로는 불가능하며 최대한 근접시키려 노력할 뿐이다.

예) 로드의 직경은 15㎜이고 얻어진 컬의 직경이 30㎜의 경우 퍼머넌트의 효율은 0.5이다.

$$\frac{15\text{㎜}}{30\text{㎜}} = \frac{1}{2} = 0.5$$

3) 스트랜드의 각도

와인딩시 두피에 대한 스트랜드의 각도를 크게 3단계로 나누어보면 120° 이상(on base), 90° 정도(half-off base), 45° 정도(off base)의 형태로 나눌 수 있다.

① 스트랜드의 각도를 120°로서 두피까지 와인딩했을 경우 세분된 베이스 섹션 속에 로드가 위치하는 형태이다. 즉 스트랜드 전체가 모두 로드에 감기므로 웨이브의 볼륨이 가장 크게 형성되는 기법이다.

② 스트랜드의 각도를 90°로서 두피까지 와인딩 했을 경우 세분된 베이스 섹션의 반 정도에 로드가 걸쳐있는 형태이다. 탄력있는 웨이브가 형성되며 가장 많이 이용되는 기법이다.

③ 스트랜드의 각도를 45°로서 두피까지 와인딩 했을 경우 세분된 베이스 섹션으로부터 로드의 위치가 거의 벗어나는 형태이다. 따라서 스트랜드의 폭 만큼 모근 부분이 늘어나기 때문에 웨이브의 볼륨이 가장 낮게 형성되는 기법이다.

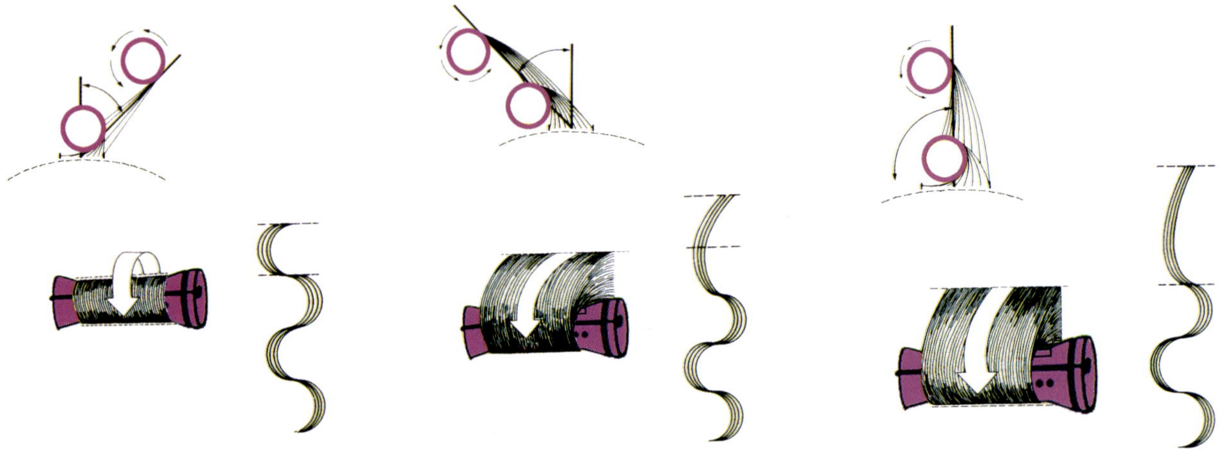

① 스트랜드의 각도 120° 이상

② 스트랜드의 각도 90° 정도

③ 스트랜드의 각도 45° 정도

그림 2-3 두피로부터 스트랜드의 각도와 웨이브

4) 와인딩 회전수

로드의 직경이 10㎜, 모발의 길이가 30㎝인 경우 와인딩 회전수는 9회전 반이 된다. 그러나 실제로 모발자체의 굵기 때문에 와인딩 회전수는 적어지게 된다. 문제는 와인딩된 최종 굵기 즉 모발이 감긴 가장 바깥쪽의 직경에 의해 웨이브가 형성되므로 모양에 차이가 나는 것이다. 결국 모발이 로드에 와인딩되는 폭이 문제가 되는데 로드에 감기는 폭이 넓을수록 최종적인 외측의 굵기가 커지게 되므로 웨이브가 형성되는 상태가 달라진다. 실험 결과에 의하면 로드에 모발이 감긴 최종적인 굵기는 직경 15~16㎜까지는 웨이브가 효과적으로 나오지만 와인딩된 모발의 외측 직경이 16㎜ 이상 굵어지면 웨이브가 잘 형성되지 않는다.

*** 로드의 직경과 모발의 길이에 따른 와인딩 회전수**

로드의 직경 10㎜, 모발의 길이 30㎝인 경우
로드의 둘레 10㎜×3.14=31.4㎜=3.14㎝
와인딩 회전수 30㎝÷3.14㎝=9.5 즉 9회전 반

그림 2-4 와인딩 회전수와 웨이브

5) 환원제 도포 방법

모발의 질, 모발의 손상정도, 모발의 길이에 따른 환원제의 도포 방법도 퍼머넨트 웨이브의 형성에 영향을 주는 요인이 된다(표2-3).

표 2-3 환원제의 도포방법

	직접적인 방법	간접적인 방법
와인딩	· 모발중간과 모선에 환원제를 도포하면서 와인딩한다 · 시술자의 손을 보호하기 위하여 장갑을 착용한다	· 샴푸 후 타올로 물기를 닦아 낸 다음 촉촉하게 젖은 상태에서 와인딩한다 · 모발의 손상도에 따라 모발보호제로 전처리를 한 다음 와인딩한다
환원제의 도포	· 와인딩을 끝낸 다음 남아 있는 환원제를 도포한다 · 모발진단에 따라 와인딩시 도포한 것보다 환원력이 높은 환원제를 도포해 주기도 한다	· 와인딩을 끝낸 다음 모발진단에 따른 환원제를 도포한다
모발의 상태	· 컬의 형성이 어려운 모발 · 모발의 길이가 긴 자연모 · 모발의 길이가 긴 손상모	· 길이가 아주 짧은 자연모 · 손상모 · 염색모, 탈색모, 다공성모
방치시간 동안 모발에 일어나는 작용	· 와인딩시 도포한 환원제가 폴리펩티드 체인을 연화시킨다 · 모발이 팽창 · 연화된다 · 시스틴 결합이 절단된다 · 모발에 화학적인 작용과 기계적인 작용이 일어난다 · 와인딩 후 도포한 환원제에 의해 화학적인 작용과 기계적인 작용이 계속되거나 강화된다	· 젖은 모발에 와인딩하는 동안 기계적인 변형이 일어난다 · 환원제의 도포는 폴리펩티드 체인을 연화시킨다 · 모발이 팽창 · 연화된다 · 시스틴 결합이 절단된다 · 환원제 도포와 함께 기계적인 작용과 화학적인 작용이 모발에 일어난다
장 점	· 방치시간을 단축시킨다 · 환원작용이 충분하게 이루어질 수 있다	· 일률적인 컬이 형성된다 · 모발의 손상을 줄일 수 있다
단 점	· 처음에 와인딩한 모발과 마지막에 와인딩한 모발에 시간 차이로 비 · 일률적인 컬이 형성될 수 있다 · 방치시간이 초과 또는 환원제의 과다 도포로 모발의 손상을 가져올 수 있다	· 방치시간이 길어진다 · 20㎝ 이상의 긴 모발에는 환원제가 모선 끝까지 스며들지 않을 수 있다

Ⅲ. 퍼머넨트 웨이브 기법

1. 기초 퍼머넨트 웨이브 기법

2. 디자인 퍼머넨트 웨이브 기법

Ⅲ. 퍼머넨트 웨이브 기법

1. 기초 퍼머넨트 웨이브 기법

1) 블로킹(blocking)과 베이스 섹션(base section)

블로킹과 베이스 섹션은 퍼머넨트 웨이브의 기법에 있어서 가장 기본적인 작업이며 디자인면에서도 가장 중요한 작업이다.

(1) 블로킹(blocking)

블로킹은 보다 효율적인 퍼머넨트 웨이브를 형성시키기 위해서 헤어스타일과 원하는 웨이브의 모양에 따른 로드(rod)의 종류, 모발의 밀도, 모발의 질 등을 고려해서 두상을 나누어 구획하는 것을 말한다.

(2) 베이스 섹션(base section)

베이스 섹션은 블로킹된 부분을 선정한 로드와 와인딩 방법을 고려하여 더욱 작게 나누는 것을 말하며 베이스 섹션의 모양과 방향은 퍼머넨트 웨이브 형성에 있어서 매우 다양한 디자인을 연출할 수 있는 기틀을 마련해 준다.

따라서 와인딩할 때에는 헤어 스타일, 로드의 종류, 모발의 굵기, 모질, 모발의 밀도, 모발의 길이, 원하는 볼륨감 등을 고려하면서 섹션의 모양과 방향, 크기 등을 설정하도록 한다.

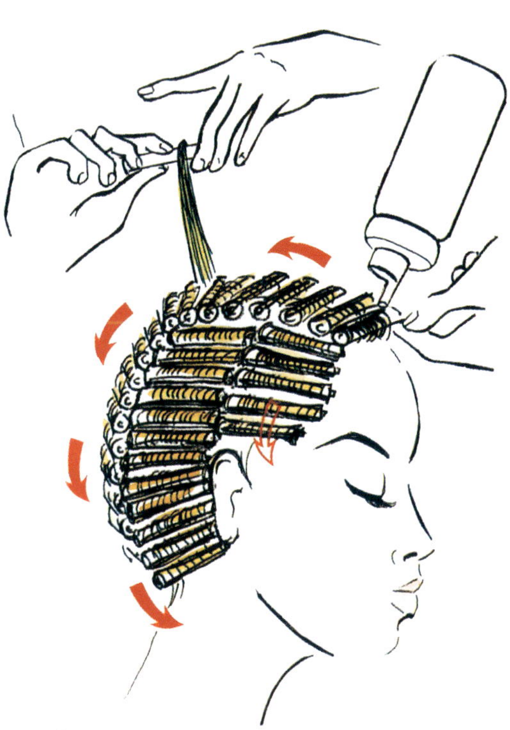

블로킹과 와인딩

2) 와인딩 종류

(1) 크로키놀식 와인딩 (croquignole winding)

크로키놀식 와인딩은 모선에서부터 시작하는 와인딩 방법으로 가장 많이 사용되는 기법이며 긴머리에서 짧은 머리에 이르기까지 다양하게 와인딩할 수 있는 방법이다.

가로(horizontal)와인딩, 세로(vertical)와인딩, 사선(diagonal)와인딩으로 구분할 수 있다.

① 가로 와인딩

가로 와인딩은 로드의 위치가 수평이 되는 상태로 와인딩하는 것으로 강한 웨이브와 큰 볼륨감을 얻을 수 있는 장점을 가지고 있어 많이 사용되는 기법이다.

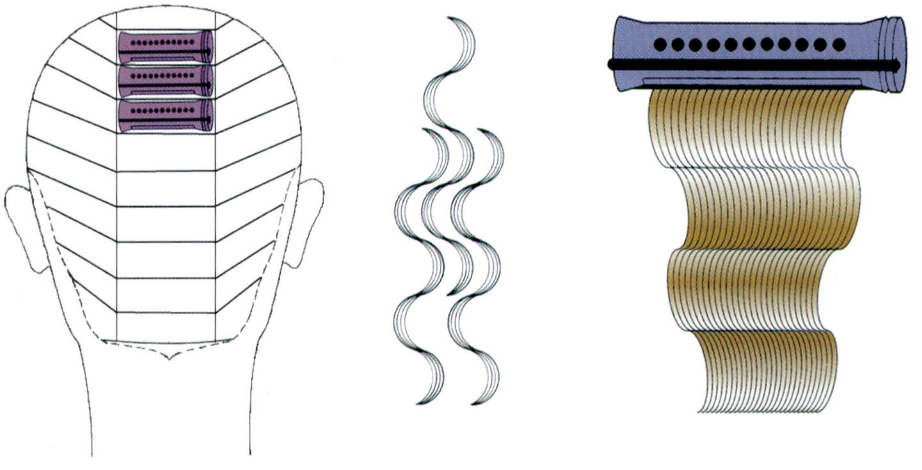

② 세로 와인딩

세로와인딩은 로드의 위치가 수직으로 와인딩되는 기법으로서 가로와인딩보다 부드러운 웨이브를 얻을 수 있으며 볼륨감 또한 적다.

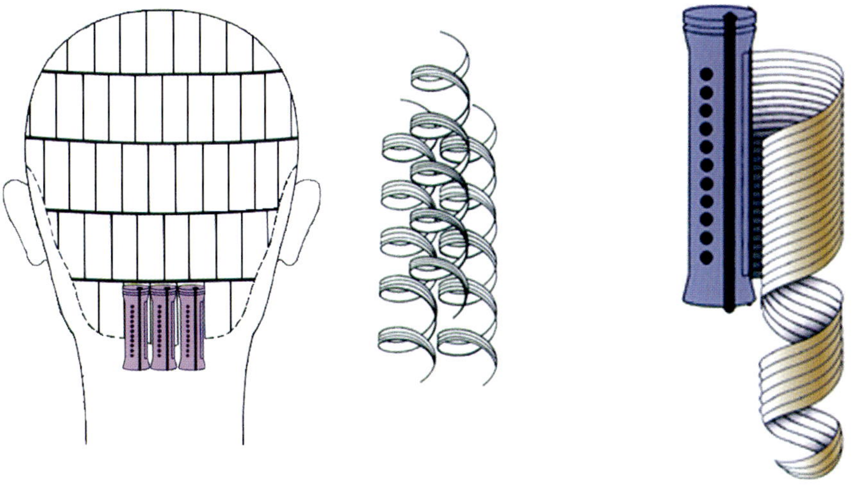

③ 사선 와인딩

사선와인딩은 로드의 위치가 사선인 상태로 와인딩하는 기법으로서 웨이브에 방향감을 줄 수 있다.

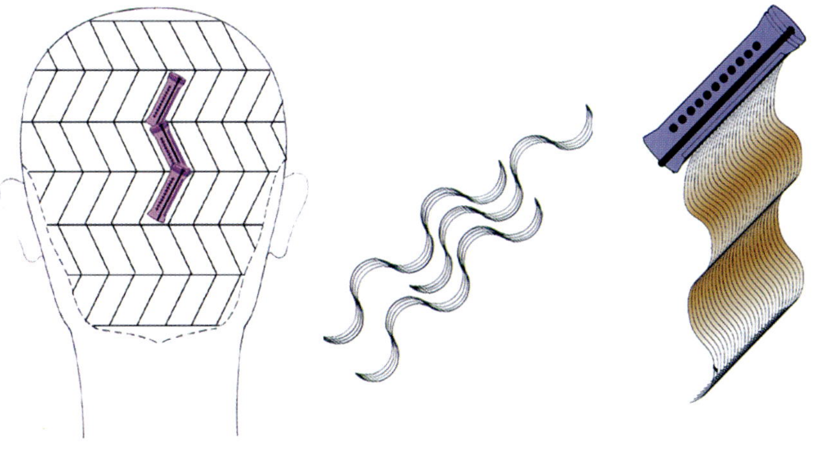

(2) 스파이럴식 와인딩(spiral winding)

스파이럴식 와인딩은 두피에서부터 시작하여 모발끝으로 와인딩해가는 방법과 모발끝에서부터 모근 쪽을 향해 와인딩해가는 방법이 있다. 이 방법은 짧은 머리보다는 긴머리를 다양하게 변화시킬 수있으므로 긴머리를 디자인하는데 효과적인 방법이며 두피쪽의 볼륨이 크지 않다. 와인딩할 때 간격을 넓게하거나 좁게하여 웨이브의 변화를 연출할 수 있다.

① 모근와인딩

스파이럴 방식으로 모근부터 와인딩하면 모발이 꼬이면서 로드에 감기게 되므로 매우 강한 웨이브가 형성된다.

② 모선와인딩

스파이럴방식으로 모발 끝부터 와인딩하게 되면 모근부터 와이딩하는 것과는 달리 코일상의 부드러운 웨이브를 얻을 수 있다.

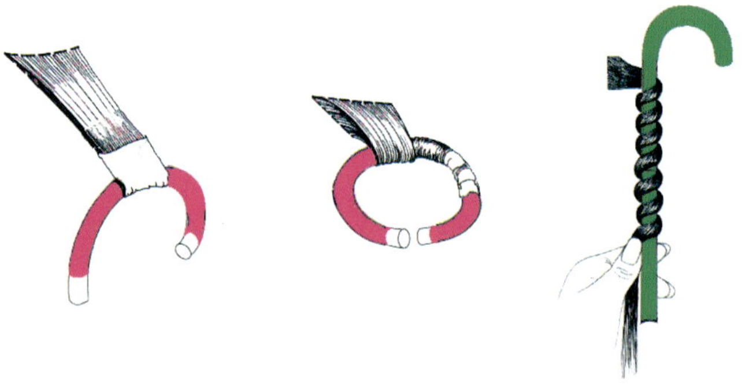

(3) **압착식**(compression)

압착식 로드 사이에 머릿단(strand)을 넣고 기구를 접어 눌러서 웨이브를 형성시키는 방법으로 기구의 단면이 세모형이면 삼각의 웨이브가 연속해서 형성되고, 곡선형 기구이면 물결모양의 곡선웨이브를 얻을 수 있다. 이 방법을 사용할 때에는 기구의 틀 사이에 모발이 꺾여서 손상되는 일이 없도록 주의해야 한다.

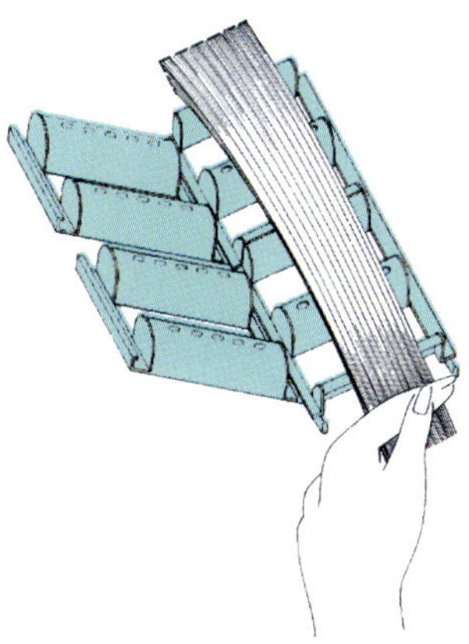

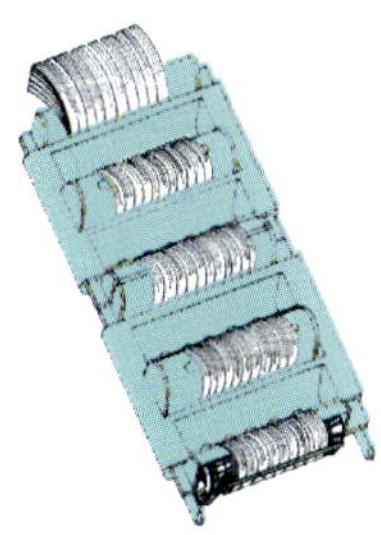

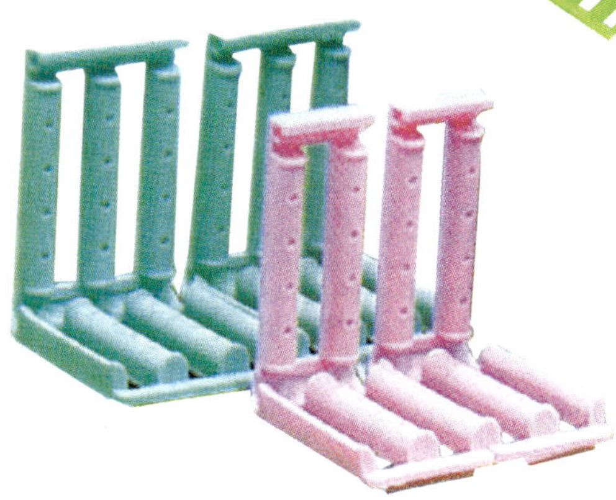

3) 와인딩 방법 및 순서

(1) 와인딩 방법

가장 기본적인 와인딩 방법은 정면에서 보았을 때 로드는 두피에 평행하게 하고 모발은 로드에 직각으로 와인딩하는 방법이다.

빗겨말기는 웨이브나 컬에 좌우 어느 방향으로 흐름을 형성하기 위하여 스트랜드를 로드의 한쪽으로 모아서 와인딩하는 것으로 모발이 모아진 쪽으로 흐름이 형성된다. 이 경우에 주의할 것은 반드시 로드를 두피면에 평행하며 와인딩해서 스트랜드의 끝이 모아졌을 때 예각을 이루도록 해야한다.

(2) 와인딩 순서

① 꼬리빗(rat tail comb)으로 1~1.5㎝ 정도의 베이스 섹션을 떠서 스트랜드를 가지런하게 빗은 다음 엔드 페이퍼를 모발 끝에 갖다 대고 모발 끝이 빠져나가거나 뭉치지 않도록 매끄럽게 펴서 모발 끝을 감싼다. 엔드 페이퍼는 와인딩 동작이 정확하고 손쉽게 이루어지도록 하며, 모발 끝이 꺽이지 않고 매끄럽게 와인딩되도록 해준다.

② 로드를 스트랜드의 밑에서 모발 끝이 접히지 않도록 오른손의 검지로 돌려준 다음 왼손의 검지와 중지는 스트랜드와 엔드 페이퍼를 잡고 엄지와 약지는 엔드 페이퍼, 스트랜드, 로드를 잡은 채로 약간 아래쪽으로 끌어내려 모발 끝이 덮이도록 한다.

③ 로드에 앤드 페이퍼의 중심을 맞춰 양손의 엄지로 로드를 감싼 채로 적당한 텐션과 두피에 대해 평행을 유지하면서 와인딩한다. 정해진 각도에 따라 스트랜드를 매끄럽게 펴면서 와인딩되도록 로드를 조정한다. 로드의 위치가 수평보다도 낮아지면 스트랜드 상부(두피쪽 모근)의 모발이 느슨하게 와인딩된다.

④ 로드에 와인딩한 모발은 두피와 평행하게 하여 움직이지 않도록 고무밴드(replacement rubber)로 고정시킨다. 퍼머넨트 웨이브제의 환원 · 산화작용을 방해하지 않고 모근에 자국을 남기지 않도록 고무밴딩은 너무 두피에 밀착되지 않도록 하여야 한다. 잘못된 고무밴딩은 모발에 치명적인 손상을 일으킨다.

⑤ 이상과 같은 방법으로 블로킹된 섹션 전체를 차례로 와인딩한다.

(3) 두정부의 와인딩 순서

두정부의 모발을 와인딩하는 기법으로 많이 사용되며 스트랜드가 두피로부터 90° 정도로 하여 로드에 와인딩하는 방법이다.

①

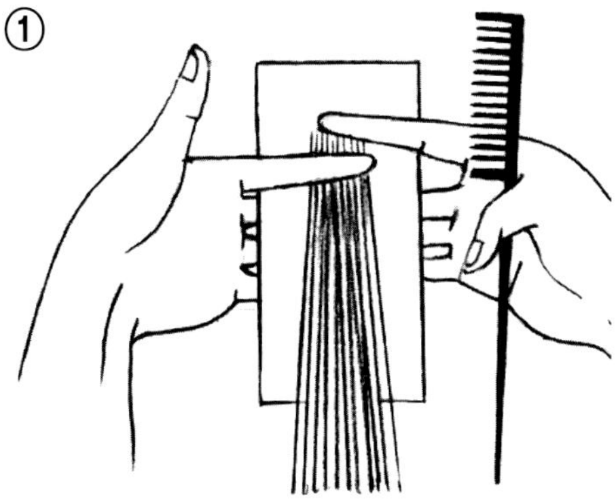

②

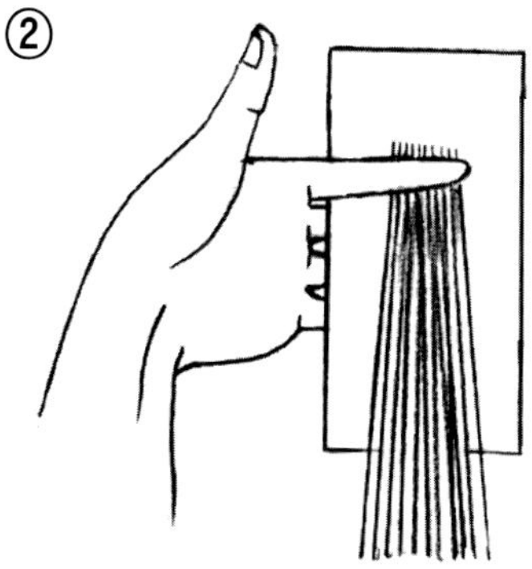

③

④

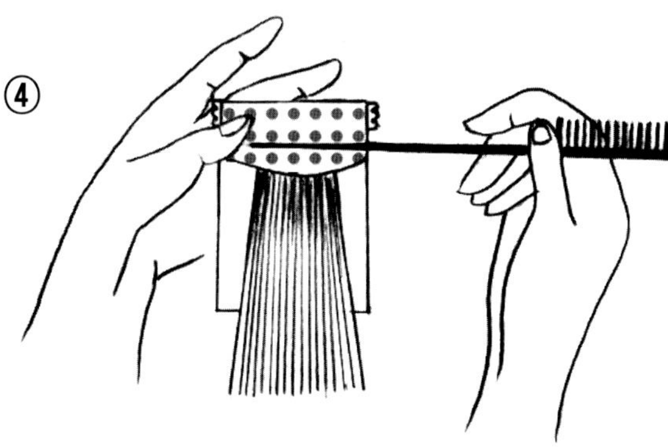

⑤

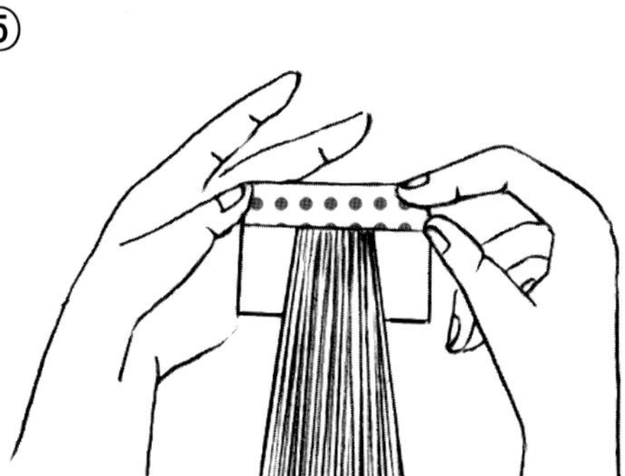

⑥

(4) **엔드 페이퍼**(end paper : blotting paper)

다공질의 엔드 페이퍼는 모발을 로드에 적당하게 와인딩할 수 있도록 도와주는 중요한 역할을 한다. 엔드 페이퍼의 적당한 사용은 컬(curl)과 웨이브(wave)를 고르고 매끈하게 형성되도록 도와준다. 또한 모발에 제 1제가 지나치게 흡수되는 것을 막아 모발의 손상을 줄여주며, 모발의 길이가 일정하지 않은 스트랜드를 와인딩하기 쉽게 도와준다.

엔드 페이퍼를 사용하는 방법에는 세 가지가 있다.

① **양면 사용 와인딩**(double end paper winding)

와인딩하기 전에 모발에 퍼머넨트 웨이브제를 두피에서 1.5㎝ 정도, 모발 끝에서 2.5㎝ 정도 남겨놓고 도포한다. 하나의 베이스 섹션을 떠서 고르게 빗질을 한 다음 엔드 페이퍼를 하나는 아래쪽에 또 하나는 위쪽에 겹치도록 스트랜드의 모발 끝을 감싸서 와인딩한다. 이 방법은 지나치게 모발 끝이 손상되었거나 모발의 길이 차가 심할 때 사용하면 좋다.

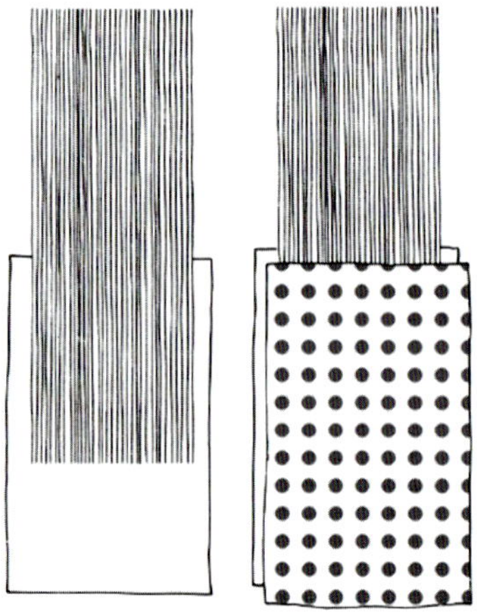

② 단면 사용 와인딩(single end paper winding)

양면 사용 와인딩와 같은 방법이나 스트랜드의 아래 면에는 앤드 페이퍼를 대지 않고 윗면에만 올려 놓고 검지와 중지 손가락으로 납작하게 밀착시켜 잡고 움직이지 않도록 하며 로드를 아랫단에 대고 와인딩한다. 일반적으로 가장 많이 사용되는 방법이다.

③ 겹 사용 와인딩(book end paper winding)

모발을 검지와 중지 사이에 끼워 잡고 앤드 페이퍼를 반으로 접어 모발을 감싸는 방법으로 하나의 앤드 페이퍼를 사용하면서 양면 사용와인딩과 동일한 효과를 얻을 수 있다. 단, 앤드 페이퍼가 접히는 부분의 모발이 꺽이지 않도록 주의해야 한다.

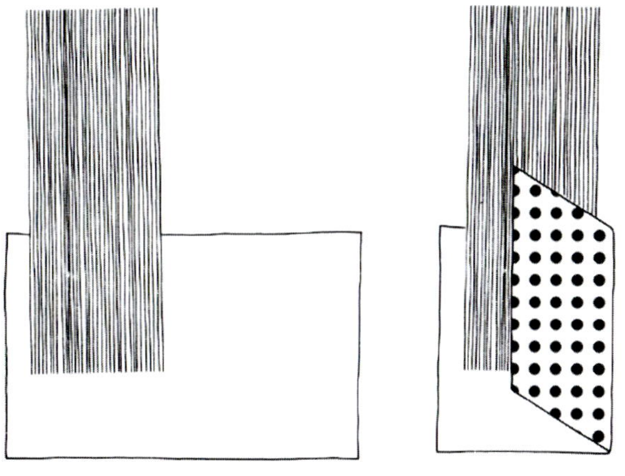

2. 디자인 퍼머넌트 웨이브 기법

1)와인딩기법에 따른 퍼머넌트 웨이브

와인딩기법에 따른 퍼머넌트 웨이브 디자인 방법에는 로드 굵기를 이용한 방법과 섹션 방법에 따른 디자인, 위빙(weaving)방법에 의한 디자인, 모발 끝을 이용한 디자인 방법 등이 있는데, 이외에도 어떻게 디자인 하느냐에 따라서 다양하게 퍼머넌트 웨이브를 응용할 수 있다.

(1) 로드의 굵기를 이용한 퍼머넌트 웨이브

① 반복법(repetition)

동일한 로드와 동일한 굵기의 로드를 사용하여 와인딩하는 방법을 말한다.
동일한 웨이브의 연속이므로 커트라인에서 크게 변화되지 않는 단순한 웨이브 스타일이 표현된다.

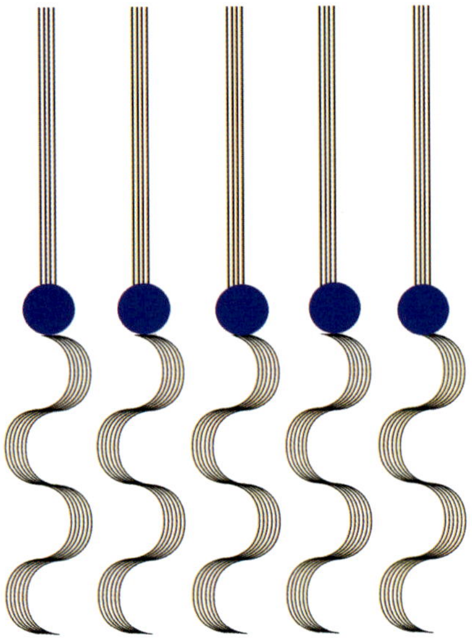

② 교차법(alternation)

로드의 굵기가 다른 것을 서로 교차시켜서 와인딩하는 방법으로 율동감 있는 웨이브를 얻을 수 있다.

✻ 1단 교차법

로드의 굵기가 다른 2종류의 로드를 이용해서 서로 교차시켜 와인딩함으로서 웨이브를 얻는 방법이다.

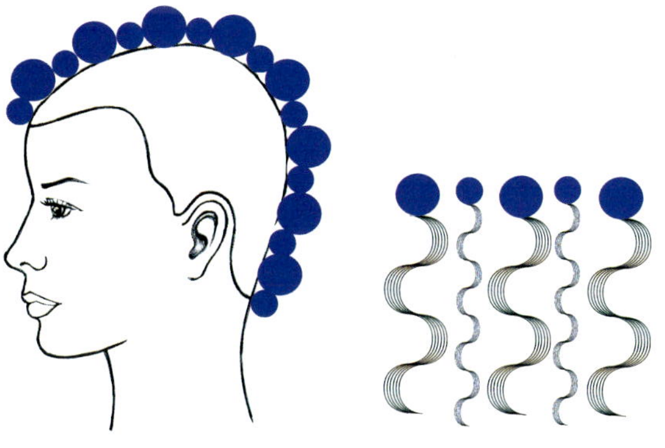

✻ 2단 교차법

로드의 굵기나 종류가 다른 2~3종류의 로드를 이용해서 교차시킬 때 1단은 굵은 로드를 사용하고 2단은 가는 로드를 사용하거나 서로 다른 종류의 로드를 사용해서 교차 웨이브를 얻는 방법이다.

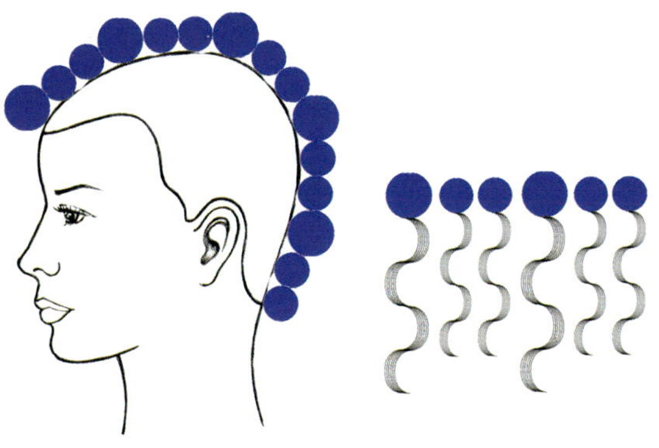

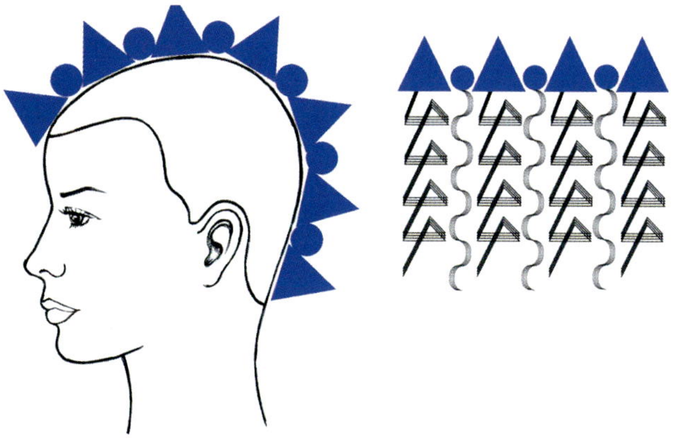

✽ 3단 교차법

로드의 굵기나 종류가 다른 2~3종류의 로드를 이용해서 1단은 굵은 로드를 사용하고 3단은 1단보다 가는 로드를 사용하거나 모양이 다른 종류의 로드를 사용해서 교차 웨이브를 얻는 방법이다.

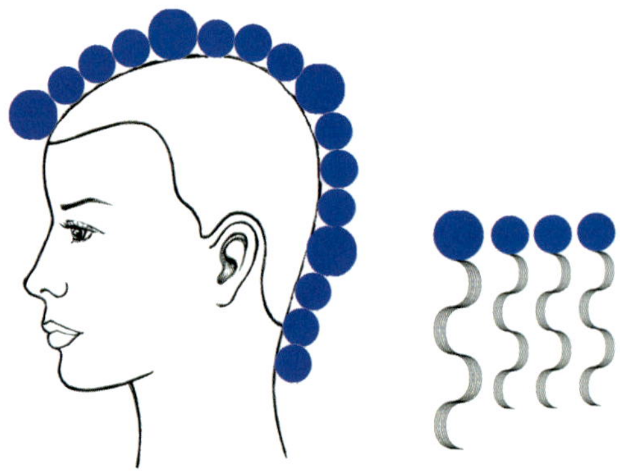

③ 점진법(progression)

굵은 로드로부터 시작을 해서 점차 가는 로드를 사용해가는 방법과 가는 로드로부터 시작해서 차츰 굵은 로드를 사용하는 두 가지 방법이 이용된다.

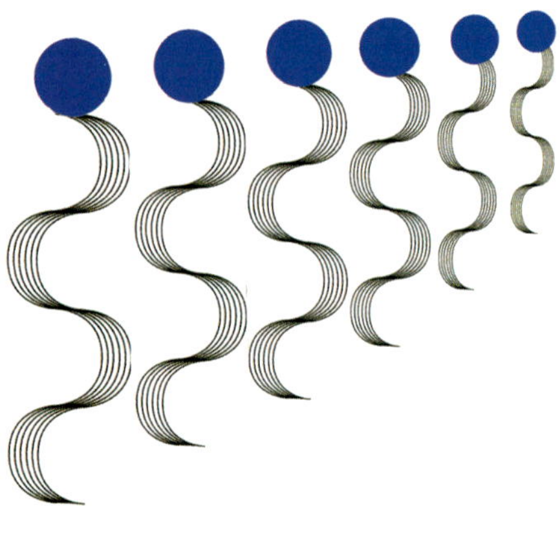

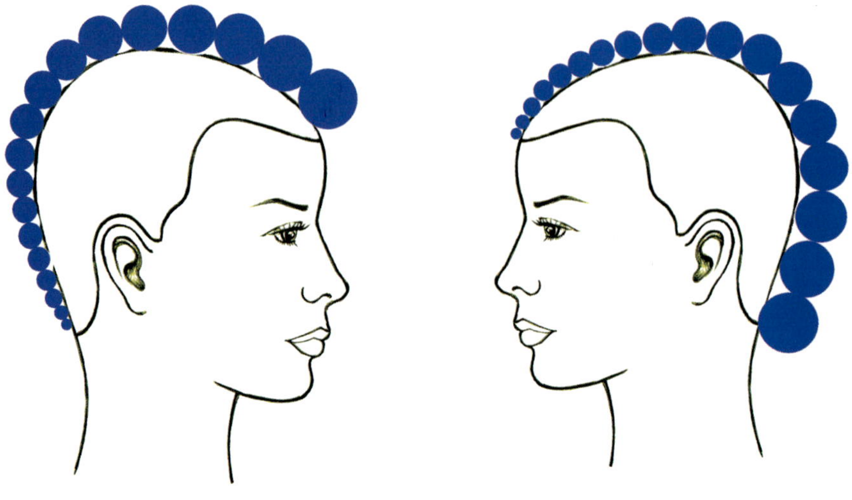

④ 더블 와인딩(double winding)

하나의 스트랜드에 2개의 로드를 사용하여 와인딩하는 방법으로 하나의 로드는 두피쪽부터 1~2회전 와인딩하고 나머지 머릿단은 다른 로드를 사용하여 모선부터 와인딩해준다.

두피쪽의 모근에 볼륨형성이 효과적으로 이루어지도록 하는 기법으로 2개의 서로 다른 종류와 굵기의 로드를 사용해서 응용할 수 있으므로 다양한 실루엣을 얻을 수 있다. 이러한 기법은 모근부와 모선부의 손상도가 다른 모발의 경우 일률적인 컬을 얻기 위해 사용하기도 한다.

(2) 베이스섹션방법에 따른 퍼머넨트 웨이브

베이스섹션의 방법에는 수평베이스섹션, 수직베이스섹션, 사선베이스섹션, 삼각베이스섹션, 벽돌쌓기베이스섹션, 등고선베이스섹션, 써클베이스섹션 등이 있으며 이외에도 여러 가지로 응용할 수 있다.

① 수평베이스섹션(horizontal base section)

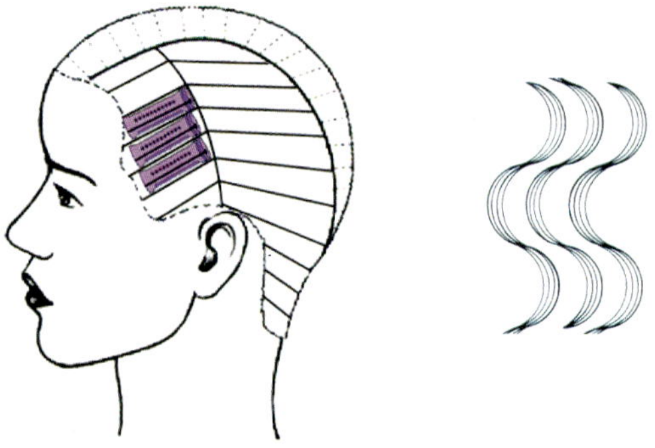

② 수직베이스섹션(vertical base section)

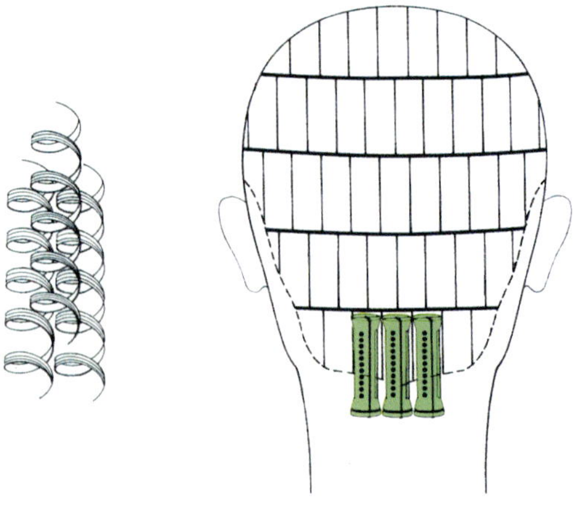

③ 사선베이스섹션(diagonal base section)

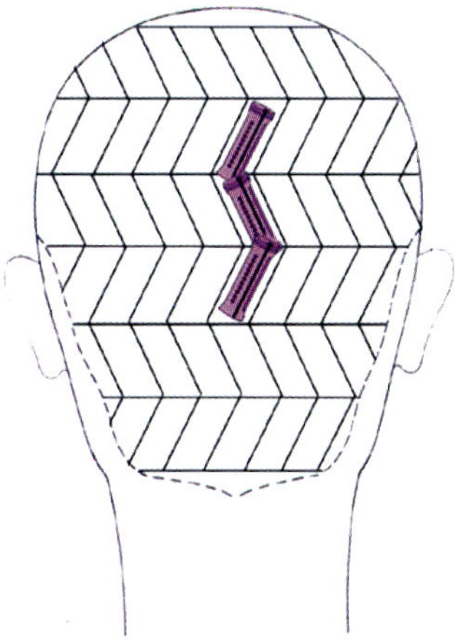

④ 삼각베이스섹션(triangle base section)

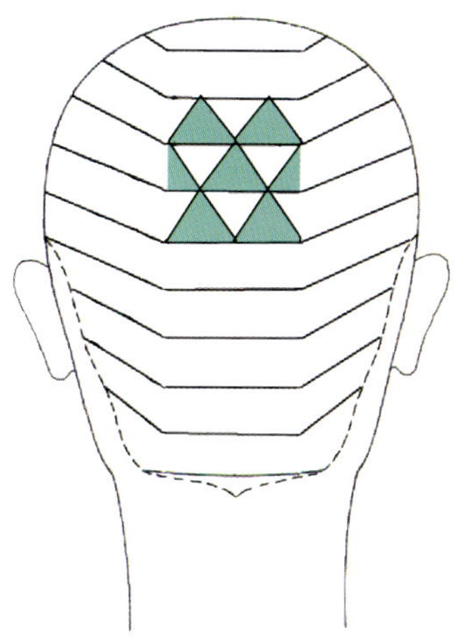

⑤ 벽돌쌓기베이스섹션(bricklay base section)

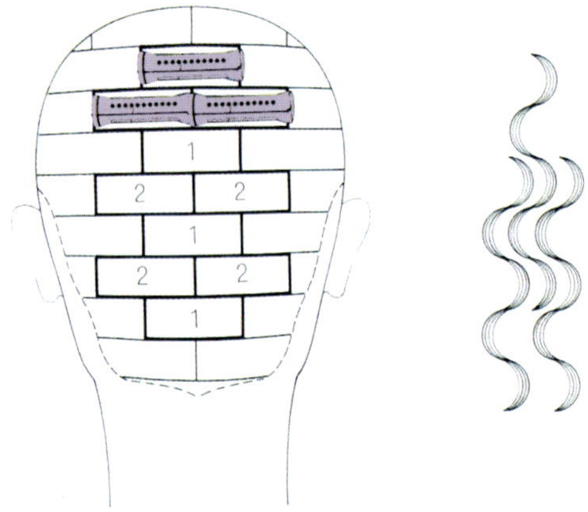

⑥ 등고선베이스섹션(contour base section)

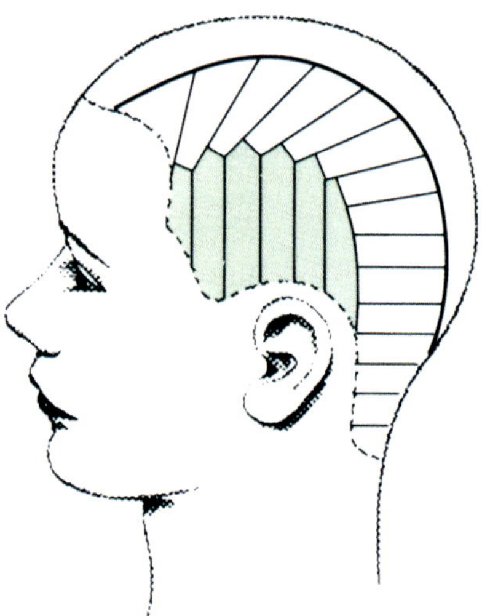

⑦ 써클베이스섹션(circle base section)

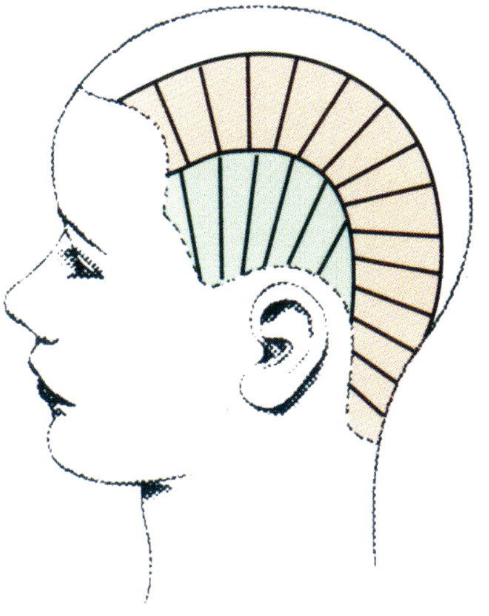

⑧ 위빙베이스섹션(weaving base section)

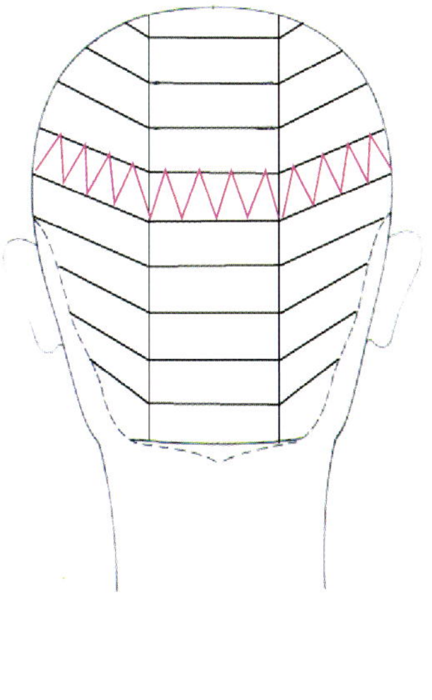

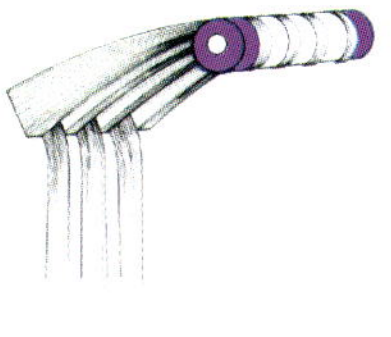

(3) 모선응용 퍼머넌트 웨이브

모선끝의 디자인을 응용하는 와인딩 방법으로 생동감을 주는 웨이브를 형성해준다. 모선끝 부분을 와인딩하지 않고 생머리 상태로 빼놓는 방법과 모선끝부분을 보다 굵은 로드나 다른 형태의 로드로 와인딩해주는 방법이 있다.

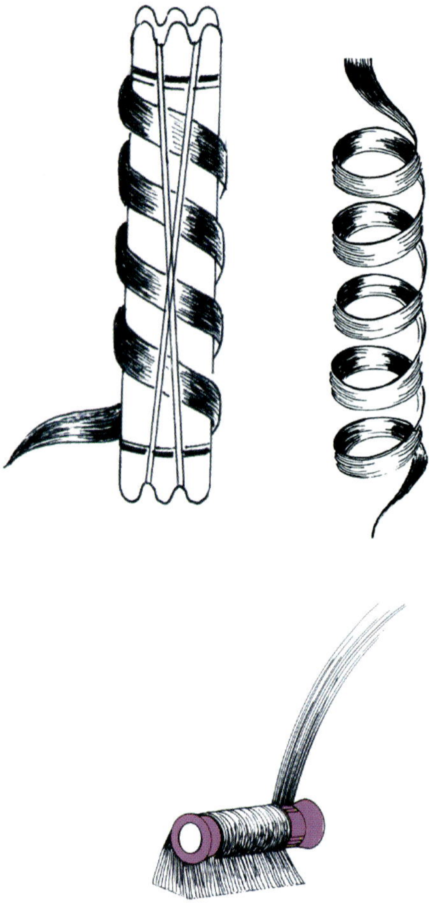

2) 로드의 종류에 따른 퍼머넨트 웨이브

(1) 스트레이트 퍼머넨트

① 패널(panel)을 이용한 스트레이트

크림상 스트레이트 크림을 모발에 도포한 후 연화시켜 웨이브를 부드럽게 풀어 스트레이트용 패널 위에 붙여서 말린 후 제2제를 도포해서 모발의 볼륨 또는 매끄러운 직모 형상을 얻는 방법이다.

② 곱슬머리 전용제품을 이용한 스트레이트

곱슬머리 전용스트레이트 크림과 액상의 퍼머넨트 웨이브제를 1:1의 비율로 섞어 모발에 바른 후 골고루 도포되도록 빗어주고 20~40분 정도 자연방치 후 플레인 린스를 해 헹구어 낸 뒤 타올과 드라이를 이용해 모발을 95% 정도 말린 후 곱슬머리 스트레이트 용 기구를 이용해서 섹션을 나누어서 펴 준다.

그림 3-1 스트레이트 퍼머넨트

(2) 아이론(iron) 퍼머넨트 웨이브

모발의 길이가 짧은 헤어스타일에 웨이브를 주거나 버릇모의 방향을 잡아 주고자 할 때 사용한다.

환원제 도포 후 약 10분 정도 가열기로 연화시킨 후 환원제를 헹구어 내고 아이론 퍼머넨트 웨이브 크림을 도포한 후 아이론 퍼머넨트 기구를 사용해서 컬을 만든 후 산화제를 도포하고 15~20분이 지나면 헹구어 내고 산성린스 처리를 한다.

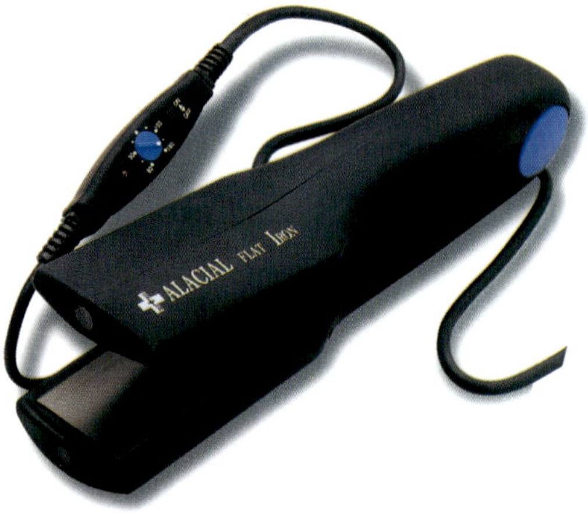

1. 고객과의 상담

고객에게 곱슬머리의 형성원인과 교정방법에 관하여 설명해 주고 모질의 상태를 파악한다.

2. 특수활성제(전처리제)

시술전 샴푸를 마친 후 고객의 모발을 90%정도로 건조시킨 다음 P.P.T 성분이 들어있는 특수활성제(전처리제)를 도포하여 큐티클을 보호해 주며, 약액의 흡수를 도와준다.

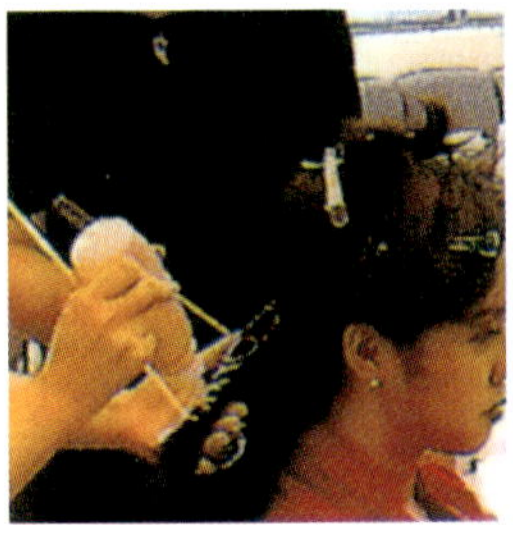

3. 모선이나 손상된 부분의 트리트먼트

모발표면에 얇은 막을 형성하여 윤기 · 보습 · 탄력을 주는 트리트먼트제를 도포한다.

4. 1액의 도포

신생모와 건강모의 부위에만 도포한다. 두정부 도포시에는 알미늄 호일 또는 염색용 페이퍼를 끼워준다(약액의 흐름 방지 및 연화의 촉진).

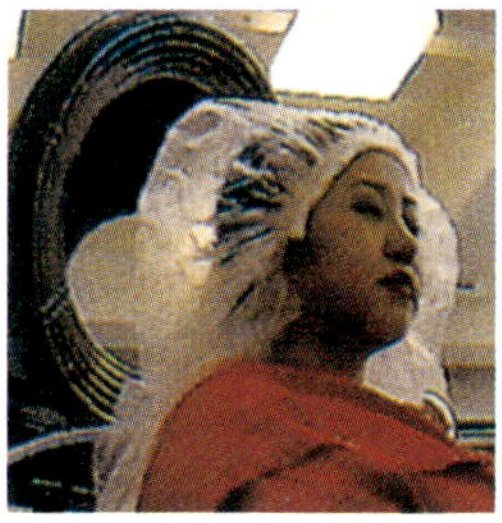

5. 1차연화

비닐 캡을 씌우고 약 10분간 연화시킨다.

6. 1액의 재 도포

손상된 부위에만 1액을 도포해주고 재연화시킨다(모발의 강도에 따라 20~30분).

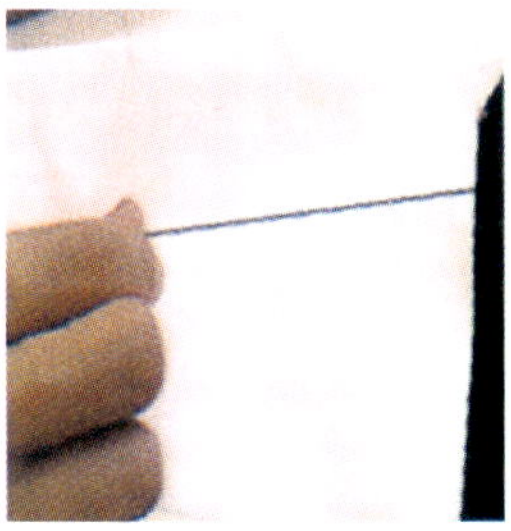

7. 테스트 컬

모발의 환원정도를 확인하기 위하여 흰종이 위에 스트랜드를 올려놓고 스트레이트된 상태를 살펴본다.

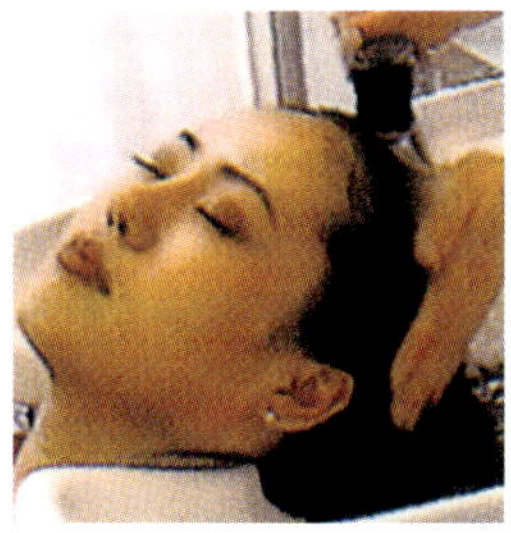

8. 중간린스

적당한 미온수로 헹구어 준다.

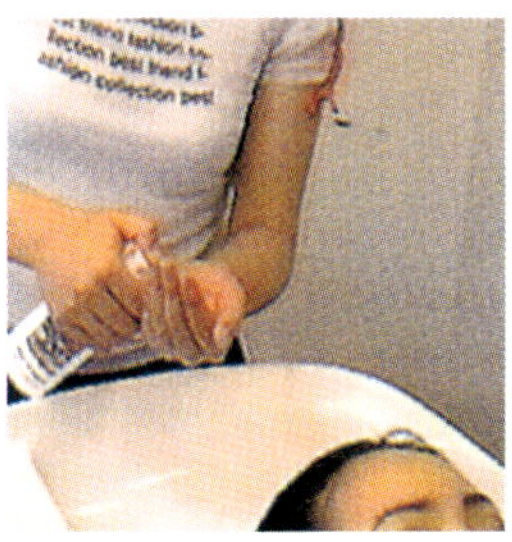

9. 산성린스의 도포

중간린스를 마친 후 젖어있는 상태에서 산성린스를 도포한 다음 약 3분 정도 방치한다.

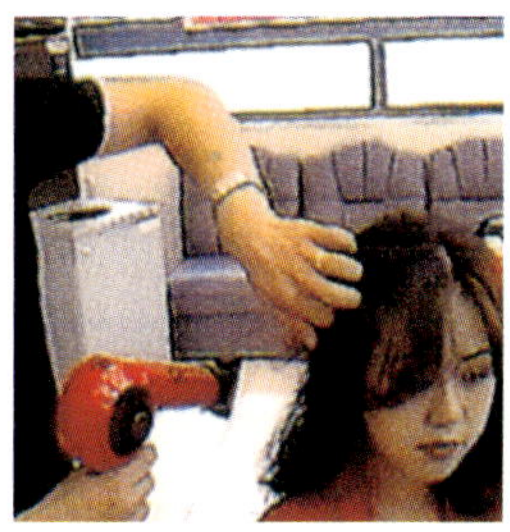

10. 모발건조

80%는 열풍으로, 20%는 냉풍를 사용하여 모발을 건조시킨다.

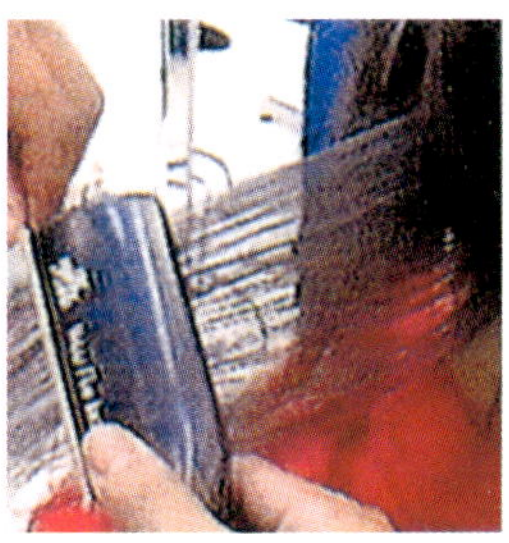

11. 아이론 시술

약 1~1.5㎝정도의 폭으로 스트랜드를 잡아 아이론 퍼머넌트 기기로 매끈하게 펴준다.

12. 2액의 도포

아이론 시술이 끝나면 곧바로 2액을 도포한 후 2, 3회 빗질을 해준다.

13. 헤어스타일완성

적당한 미온수로 헹구어 준 후 산성린스 또는 헤어트리트먼트를 해준다.
브로우 드라이 후 보습성분이 들어있는 트리트먼트제를 도포해준다.

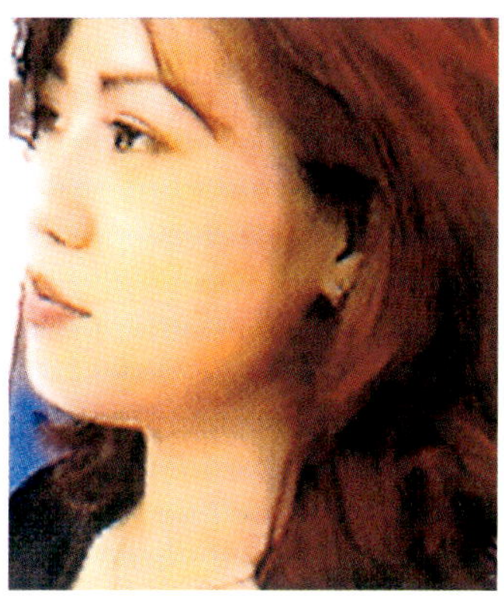

✲ 시술전

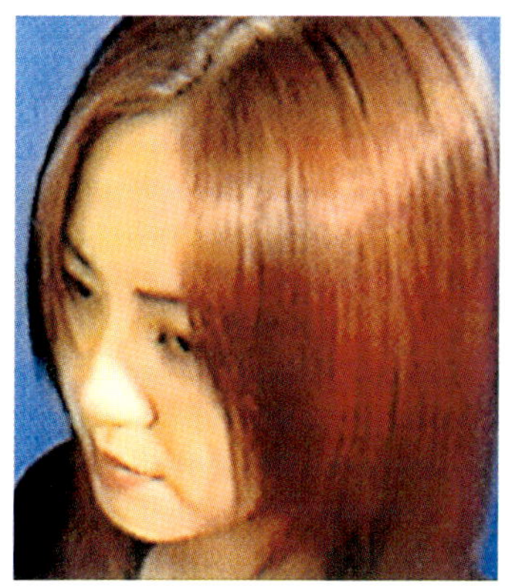

✲ 시술후

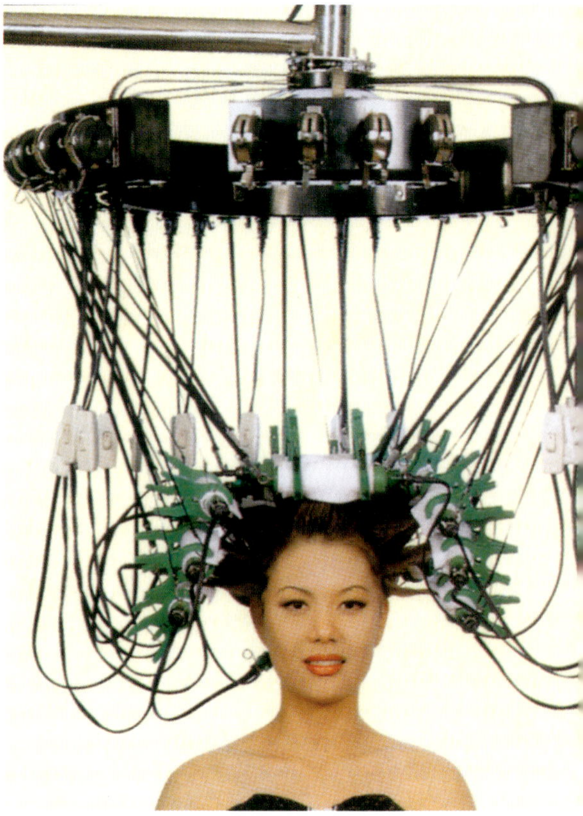

그림 3-2 세팅 퍼머넌트 웨이브

(3) 세팅(setting) 퍼머넌트 웨이브

세팅 퍼머넌트 웨이브 기구를 이용한 가온 2욕법 퍼머넌트 웨이브로 부드럽고 탄력있는 웨이브를 얻을 수 있다.

(4) 핀컬(pin curl) 퍼머넌트 웨이브

핀컬 퍼머넌트 웨이브는 로드를 사용하지 않고 엔드 페이퍼를 모발 끝에 대고 손가락으로 와인딩한 후 핀으로 고정시켜서 웨이브를 얻는 방법으로 매우 약한 컬이 형성되지만 부드럽게 드라이한 것과 같이 자연스러운 웨이브를 얻을 수 있다. 업 스템(up stem)과 다운 스템(down stem)의 두 가지 방법이 있다.

그림 3-3 핀컬 퍼머넌트 웨이브

(5) 특수로드를 활용한 스파이럴식 퍼머넌트 웨이브

르네상스 퍼머넨트 로드 등 다양한 형태와 이름을 가진 로드를 이용해서 스파이럴식으로 와인딩하는 퍼머넨트 웨이브로서 긴머리에 많이 활용되며 웨이브의 선이 선명하게 형성된다.

(6) 다양한 디자인 로드에 의한 퍼머넨트 웨이브

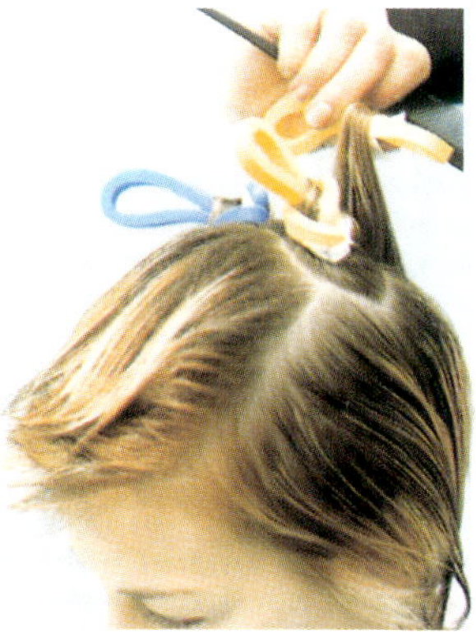

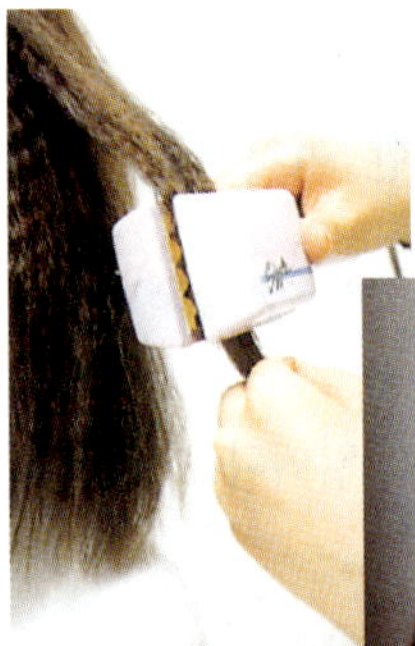

Ⅳ. 퍼머넌트 웨이브 실제

1. 퍼머넌트 웨이브 시술시 필요한 도구
2. 퍼머넌트 웨이브 시술시 주의사항
3. 퍼머넌트 웨이브 시술과정
4. 퍼머넌트 웨이브가 잘 형성되지 않은 경우의 원인
5. 퍼머넌트 웨이브 시술후 모발 및 두피의 이상현상
6. 퍼머넌트 웨이브 스타일의 완성

herve boudon

Ⅳ. 퍼머넨트 웨이브의 실제

1. 퍼머넨트 웨이브 시술시 필요한 도구

① 이동식 정리대(tray/ wagon)

시술시 필요한 소도구와 제품 등을 사용하기 편리하게 배열하여 퍼머넨트 웨이브 시술을 용이하게 한다.

② 고무장갑

시술자의 손을 화학제품의 자극으로부터 보호한다.

③ 수건

재질은 면으로 된 것이어야 하며, 고객의 얼굴과 목의 피부를 보호한다.

④ 퍼머넨트 웨이브용 고객가운

퍼머넨트 웨이브제가 목으로 흘러내리거나 고객의 옷에 묻는 것을 방지한다.

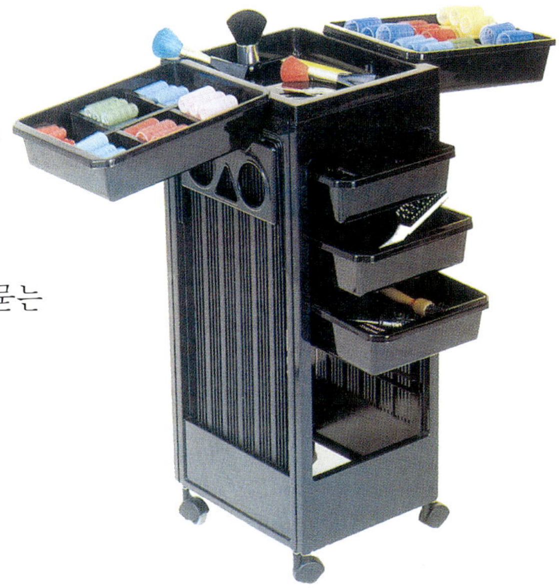

⑤ 시술자용 에이프론

퍼머넌트 웨이브제가 시술자의 옷에 묻지 않도록 한다.

⑥ 각종 핀셋

브로킹된 모발을 고정시키거나 스트레이트 패널을 고정하는데 사용된다.

⑦ 보울(bowl)과 어플리케이터(applicator)

퍼머넌트 웨이브제를 덜어서 사용하는데 필요하다.

⑧ 꼬리빗

브로킹과 와인딩에 사용하며, 재질은 금속성을 피한다.

⑨ 로드(rod)와 고무밴드

로드는 와인딩에 사용되며, 다양한 형태와 종류가 있어 컬의 크기와 형태를 결정한다. 고무밴드는 와인딩된 로드를 두피에 고정시키는 역할을 하며, 컬에 탄력성을 준다.

⑩ 엔드페이퍼(end paper)

모선 끝이 빠지지 않도록 하여 와인딩하기에 쉬우며, 모선이 꺾이지 않게 한다.

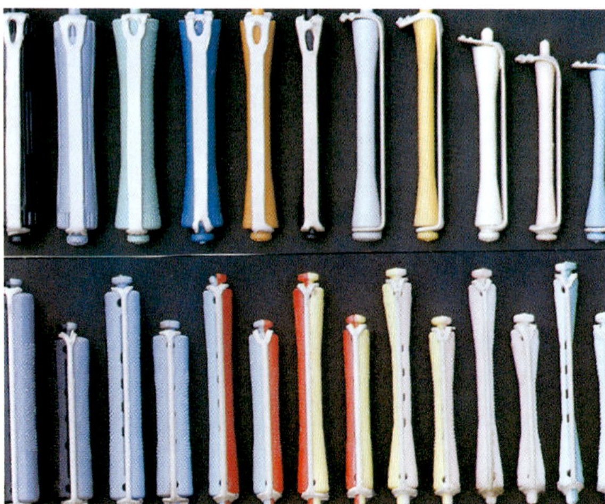

⑪ 스틱(stick)

주로 플라스틱 재질이며, 모근에 고무밴드 자국이 남지 않도록 하여 모발을 보호한다.

⑫ 비닐캡

두피에서 발생되는 열이 식지 않고 고르게 분포되도록 하며, 모발에 도포된 환원제의 산화와 건조를 방지한다.

⑬ 전열기구

히팅 캡에서 롤러 볼에 이르기까지 다양한 종류가 있으며, 와인딩된 로드 하나 하나에 인공열이 고르게 분산되어 퍼머넌트 웨이브제의 화학작용을 활성화시켜 방치시간을 앞당길 수 있도록 한다.

⑭ 헤어밴드

퍼머넌트 웨이브제가 얼굴과 목에 흘러내리지 않도록 보호해 준다.

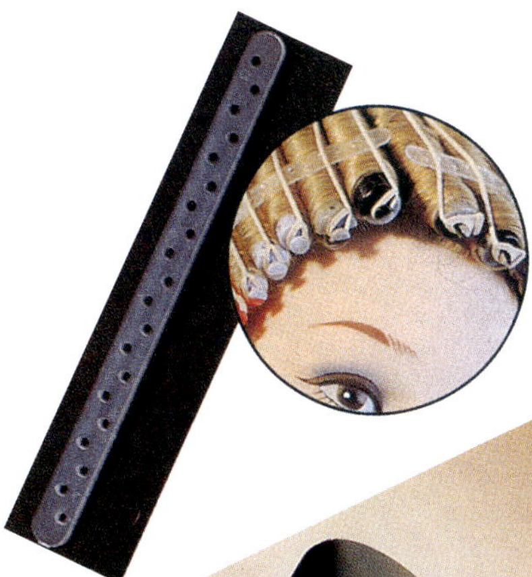

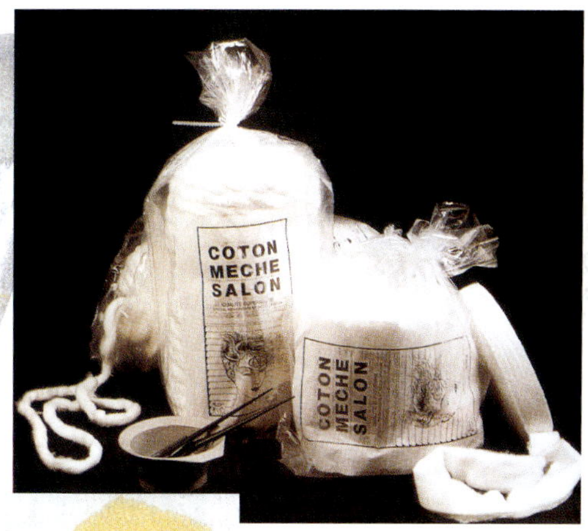

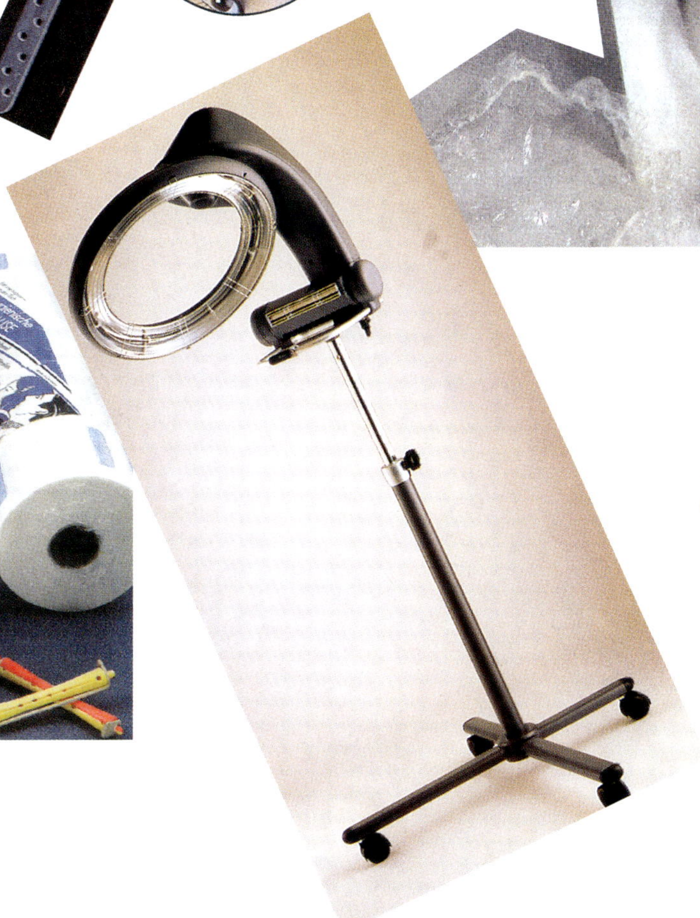

2. 퍼머넌트 웨이브 시술 시 주의사항

① 피부가 약하거나 두피와 목 등에 상처가 있을 경우에는 퍼머넌트 웨이브 시술을 행하지 않도록 하며, 출산 전후, 병을 앓은 후의 경우에도 시술을 피한다.

② 시술자는 시술시 얇은 고무장갑을 착용하도록 하며, 시술이 끝나면 손을 깨끗이 씻은 다음 핸드 크림(hand cream) 등을 발라 손을 보호한다.

③ 웨이브 시술 직전에 얼굴과 목 부분의 털을 면도하지 않도록 한다.

④ 모발이 더러워져 있으면 퍼머넌트 웨이브제의 반응이 저해되므로 시술 전 가볍게 샴푸한다. 샴푸 시에는 모발에 자극을 주지 않도록 하며, 손톱으로 두피에 상처를 입히지 않도록 주의해야 한다.

⑤ 두피 · 안면 · 목 등에 퍼머넌트 웨이브제가 묻지 않도록 주의하며, 만일 묻었을 경우 즉시 물로 적신 탈지면이나 거즈(gaze)로 닦아준다. 눈에 들어간 경우에는 결막염 등 장해를 일으킬 수 있으므로 즉시 물로 씻고 심하면 의사의 진단을 받도록 한다.

⑥ 퍼머넌트 웨이브제의 사용방법, 용량이 틀리면 모발을 손상시킬 우려가있으므로 반드시사용제품 회사의 지시에 따르도록 한다.

⑦ 환원제의 도포 후 방치시간을 초과하지 않도록 주의하고 산화제(중화제)의 산화작용은 충분히 이루어 질 수 있도록 방치시간을 잡는다.

⑧ 퍼머넌트 웨이브제는 공기, 빛, 열 등에 의해서 화학변화를 일으키기 쉬우므로 사용 후 덕용 퍼머넌트 웨이브제의 경우 남은 액은 밀폐하여 환기가 잘 되는 냉암소에 보관한다.

3. 퍼머넌트 웨이브 시술 과정

1) 모발 및 두피의 진단

퍼머넌트 웨이브를 시술하기에 앞서 먼저 모발과 두피의 상태를 살펴 원하는 컬을 얻기 위한 퍼머넌트 로드와 퍼머넌트 웨이브제를 선정하며, 필요에 따른 사전처리 등을 해야 하므로 시술전 모발 및 두피의 진단이 반드시 필요하다.

(1) 두피진단

두피에 상처, 염증 및 질환이 있는 상태에서 퍼머넌트 웨이브를 시술할 경우 심하면 모낭염을 일으키고 탈모현상을 유발하게 된다. 그러므로 시술 전 두피진단이 필요하며, 만일 두피에 이상이 있을 경우에는 완전히 회복될 때까지 시술해서는 안 된다.

(2) 모발진단

모발진단은 퍼머넌트 웨이브를 시술하기 위해서 꼭 필요한 작업으로 시진, 촉진, 문진을 통해 모질과 모발의 상태를 살펴 알맞는 퍼머넌트 웨이브제를 선정하여 사용해야 한다.

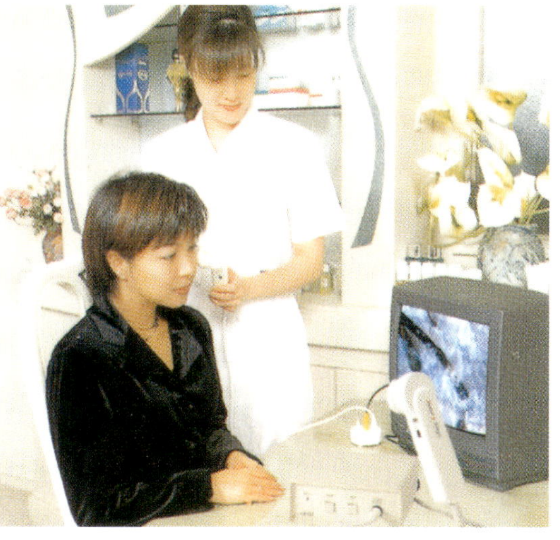

그림 4-1 모발 및 두피의 진단

① 다공성모

다공성모란 모발의 간충물질이 소실되어 보습작용이 적어져서 모발이 건조해지기 쉬운 손상모를 말한다. 샴푸 시술 전 건조한 상태에서 스트랜드를 작게 잡아 빗으로 빗은 다음 엄지와 검지 손가락으로 모발 끝을 빠지지 않게 꼭 잡고 다른 손의 손가락으로 모발 끝에서 두피쪽으로 향해 밀어나간다. 이때 밀려서 일어나는 모발의 양이 많을수록 다공성의 정도가 큰 모발이며 자연 탈색된 모발도 약간의 다공성모라고 할 수 있다. 다공성모는 퍼머넨트 웨이브제를 흡수하는 속도에 따라 그 정도를 결정짓는데, 다공성의 정도에 따라 퍼머넨트 웨이브제의 종류, 방치 시간 등을 결정한다. 모발의 다공성 정도가 클수록 진행 시간이 짧아져야하며, 보다 순한 퍼머넨트 웨이브제를 사용해야 모발의 손상이 적어 진다. 만약 방치시간의 초과시에는 모발이 극도로 손상되어 건조해지고 부스러지기 쉽다.

② 저항성모

다공성모와는 반대로 모표피가 밀착되어 틈새가 거의 없기 때문에 퍼머넨트 웨이브제의 흡수력이 아주 적어 방치시간을 길게 두어야 한다. 모발을 적신 후 모발로부터 물이 떨어지는 정도가 클수록 저항성모라고 볼 수 있으며, 퍼머넨트 웨이브 시술 시 먼저 환원제를 도포하고 약 5~10분간 스티머나 히팅캡을 씌운 후 시술하면 웨이브의 효과가 높아진다.

③ 모발의 질

모발의 질이란 모발의 직경과 모발의 감촉으로 구분되어지는데 똑같은 상태의 모발일 경우 가는 모발이 굵은 모발보다 용액의 흡수속도가 빠르다. 그러나 다공성이 심한 굵은 모발의 경우는 정상상태의 가는 모발보다 방치시간이 빨라진다.

모발의 질에 따라 퍼머넨트 웨이브제의 선정이 달라져야 하는데 같은 종류를 사용하였다고 해도 짧은 시간내에 팽윤 · 연화되지 않는 모발이 있다. 모질은 크게 건강모, 손상모(다공성모), 발수성모, 경모, 연모 등으로 나눌 수 있는데 퍼머넨트 웨이브가 힘든 모질은 건강모이면서 발수성모, 경모인 경우이며, pH가 높은 환원제를 선정한다. 염색모, 탈색모, 손상모 등과 같이 알칼리에 대한 저항력이 약한 모발일 경우에는 pH가 낮은 환원제를 사용한다.

표 4-1 모질의 분류

형태적 분류	체질적 분류	물리적 분류	화학적 분류	손상정도분류	이상현상
직모	지성모	강모	자연모	건강모	백모
파상모	보통모	경모	퍼머넨트 웨이브 모발	보통모	결절성열모
강한곱슬머리	건조모	보통모	염 · 탈색모	손상모	모발종렬증
	발수성모	연모			

④ 모발의 탄력성

모발의 탄력성이 좋을수록 웨이브가 오래 지속되며 대개 다공성모는 저항성모에 비해 탄력성을 쉽게 잃게 된다. 모발의 탄력성에 일시적으로 영향을 끼치는 경우는 습도와 기후, 사용하는 샴푸제의 종류, 헤어스프레이 등 코스메틱 제품의 사용량, 기타 일광과 바람에 의한 모발 건조작용 등이 있다.

탄력성이 적은 모발은 다소 직경이 작은 로드를 사용하는 것이 시술의 결과를 좋게 한다.

표 4-2 모발진단

체크포인트	상　태	처　치
두피상태	상처, 염증 및 이상성질환의 유무	완전히 회복될 때까지 시술유보
모발상태	모발의 지나친 손상	회복될 때까지 시술유보
	다공성모	모발이 손상되고 건조하여 부스러지기 쉬우므로 방치시간을 짧게 하고 시스테인계의 퍼머넌트 웨이브제 사용
	저항성모	모표피가 밀착되어 있어 퍼머넌트 웨이브제의 흡수력이 아주 적으므로 충분한 방치시간 필요
모발의 질	모발의 질과 감촉	일반적으로 굵은 모발보다는 가는 모발이 퍼머넌트 웨이브제의 흡수가 빠름
모발의 탄력성	탄력성이 좋은 모발	모발의 웨이브가 오래 지속
모발의 밀집도	과밀하게 자란 모발	대체로 모발이 굵으므로 베이스섹션을 얇게 나누고 직경이 작은 로드 사용

⑤ 모발의 밀도

모발의 밀도가 클수록 대체로 모발의 직경이 굵은 경우가 많으며, 퍼머넨트 웨이브 시술 시 섹션의 폭을 작게 하고 로드의 직경은 큰 것을 사용한다. 반대로 밀도가 적은 모발은 모발의 직경이 가는 경우가 많으며, 효과적인 웨이브를 얻기 위해서는 섹션의 폭을 크게 하고 로드의 직경도 큰 것을 사용하여 두피 가까이 까지 와인딩한다. 두피에 자극이 생기지 않고 모발의 손상을 적게 하기 위해서 모발의 밀도가 적은 경우 섹션 폭을 너무 크게 뜨지 않도록 한다.

모발에 맞지 않는 퍼머넨트 웨이브제의 선정은 웨이브가 쉽게 풀어지거나 지나치게 강하게 작용하여 모발에 손상을 주므로 퍼머넨트 웨이브제의 특징과 사용방법을 정확히 이해하고 있어야 한다.

표 4-3 모질과 퍼머넨트 웨이브제의 선택

모 질	퍼머넨트 웨이브제
웨이브형성이 어려운 모발 (강모, 경모 등)	pH 9.0~9.6의 치오글리콜산을 주성분으로 하는 퍼머넨트 웨이브제 사용
보통모	pH 7.5~9.0 미만의 티오글리콜산을 주성분으로 하는 중성에서 약 알칼리성의 퍼머넨트 웨이브제 사용
웨이브형성이 쉬운 모발 (손상모, 연모)	시스테인을 주성분으로 하는 퍼머넨트 웨이브제를 주로 사용하고, 정기적으로 시술을 받는 고객에게는 티오글리콜산을 주성분으로 하는 손상모용 퍼머넨트 웨이브제를 번갈아 사용
강한 손상모	pH 5~7.0 미만의 티오글리콜산을 주성분으로 하는 산성 퍼머넨트 웨이브제를 사용하며, 웨이브 형성력은 약함

2) 시술 전 샴푸(pre-shampooing)

(1) 퍼머넌트 웨이브 시술을 위한 사전 샴푸

퍼머넌트 웨이브제를 도포했을 때 두피가 자극되는 것을 막기 위해 브러싱이나 마사지는 피하며, 모발표면에 부착되어 있는 먼지, 헤어 스프레이(hair spray) 등 코스메틱제품의 잔여물, 오일류와 같은 발수성유분을 모발표면으로부터 제거시키기 위해 모발과 두피를 문지르지 말고 가볍게 씻어낸다.

일반적으로 퍼머넌트 웨이브를 시술하기 위해서는 중성에 가까운 약알칼리성의 샴푸제를 사용하는데 강한 알칼리성 샴푸제나 산성 샴푸제는 퍼머넌트 웨이브제의 pH를 높이거나 반대로 저하시켜 웨이브 형성에 영향을 미치기 때문이다.

너무 세정력이 강한 샴푸제의 경우 필요이상으로 모발을 탈지시켜 건성비듬과 모발손상의 원인이 되며, 퍼머넌트 웨이브제가 강하게 작용해서 강한 컬을 형성하는 원인이 된다. 이러한 경우 샴푸제를 물에 희석하여 사용하기도 한다. 또한, 두피와 모발이 더러워져 있지 않을 경우 샴푸제를 사용하는 대신 따뜻한 물에 모발을 깨끗이 헹구어내는 것으로 샴푸를 대신하기도 한다.

샴푸를 한 후에는 샴푸제의 성분이 퍼머넌트 웨이브제의 효과를 저하시키므로 모발과 두피에서 완전히 제거될 때까지 충분히 헹구어 낸다.

그림 4-2 퍼머넌트 웨이브 시술전 샴푸

(2) 모발의 건조(towel drying)

샴푸한 후 모발에 수분이 너무 많이 남아있는 상태에서 시술을 하게 되면, 환원제가 희석되어 웨이브 형성에 영향을 미치며, 체온을 떨어뜨려 두피를 거칠게 하고 탈모증, 피부병의 원인이 될 우려가 있으므로 건조한 수건으로 모발과 두피의 수분을 닦아내는 것을 타올드라잉(towel drying)이라고 한다.

이때 헤어드라이어를 사용하여 모발을 건조시키면 열로 인해 체온이 상승되어 환원제의 작용에 영향을 미치거나 두피에 자극을 주게 될 우려가 있다.

(3) 헤어 세이핑(hair shaping)

퍼머넌트 웨이브 시술전 헤어 세이핑은 모질을 고려하여 테이퍼링이나 블런트 커트 등의 방법을 사용한다.

모질이 굵거나 또는 중간 모발은 탄력있고 강한 컬을 형성하기 위해 모발끝을 테이퍼링한다. 이때 테이퍼링은 와인딩할 때 어려우며 또한 모발끝이 지나치게 곱슬거리게 될 우려도 있으므로 모질이 가늘고 모발의 밀도가 적은 사람에게는 삼가하는 것이 좋다. 또한 모발의 밀도가 적으며 푸석푸석한 모질은 마른상태에서 가위를 이용하여 블런트 커트 방법으로 형을 만들어 주는 것이 효과적이다. 지나친 테이퍼링이나 틴닝은 모발끝이 곱슬거리는 정도가 강하게 될 우려가 있기 때문에 퍼머넌트 웨이브 시술전에는 삼가해야 한다.

이때 머리길이는 최소한 로드에 두번 정도 감길 만큼의 길이이어야 한다. 퍼머넌트 웨이브를 시술하기 전에 슬리더링하거나 테이퍼링하게 되면 모표피에 손상을 입히는 원인이 되어 퍼머넌트 웨이브를 만드는데 악영향을 끼치게 되므로 필요하다면 퍼머넌트 웨이브 시술후에 행하는 것이 효과적이다.

헤어 세이핑(hair shaping)

✽ 테이퍼링(tapering) : 일명 훼더링(feathering)이라고도 하며, 모선 끝을 점점 가늘어지게 커트하는 방법이다. 모발을 자연스럽게 길고 짧게 만들면서 모선 끝을 마치 붓끝처럼 점점 가늘게 만들어 가벼운 느낌을 주는 커트 기법

✽ 블런트 커트(blunt cut) : 모선 끝을 직선적으로 커트하는 방법으로 크랩 커트(crab cut)라고도 하며, 일반적인 커팅 가위를 이용하여 커트하는 기법

✽ 틴닝(thinning) : 모발의 길이와는 관계없이 모발의 양을 감소시키는 방법으로 커팅 가위나 틴닝 가위를 사용하여 커트하는 기법

✽ 슬라이딩(sliding) : 커팅가위를 사용하여 미끄러지듯 커트하는 방법으로 모발의 양을 감소시키는 기법

3) 시술 전 모발 및 두피관리(pre-treatment)

퍼머넨트 웨이브 시술 시에 원하는 컬의 형성을 위해서는 전처리가 매우 중요하다.

웨이브 형성력을 약화시키는 요인들로 샴푸제만으로는 제거되지 않는 모발과 두피의 더러움, 모발에 부착된 금속, 금속성 염모제 등이 있는데 이들을 전처리로서 제거해야만 한다. 또한 손상되어 있는 모발은 퍼머넨트 웨이브 시술 전에 모발 및 두피 트리트먼트(hair & scalp treatment) 등으로 손상부를 전처리하여 모발의 손상을 방지하도록 준비한 후 시술해야 한다.

모발 및 두피의 진단을 통해 퍼머넨트 웨이브제를 도포하기 전에 특수처리를 하여 모발의 손상을 막고 모질을 개선하며, 균일한 웨이브의 형성이 이루어지도록 한다.

그림 4-3 퍼머넨트 웨이브 시술전 모발 및 두피보호제

(1) 헤어트리트먼트 크림의 도포

건조모발이나 손상모발 특히 염색이나 탈색모발에 헤어트리트먼트 크림을 도포하면서 가볍게 마사지한 후 스티머(steamer), 적외선, 스팀 타올 등으로 따뜻하게 한다. 모발이 부분적으로 손상되어 있는 건조모발이나 손상모발은 손상부에 헤어트리트먼트 크림을 도포한 후 스티머를 사용하여 충분한 흡수를 도운 다음 전체적으로 모질을 균일화시켜 준다.

(2) PPT 제품의 도포

다공성 모발일 경우 단백질을 분해하여 만든 PPT용액을 흡수시켜 퍼머넨트 웨이브 시술 후 모발의 손상을 덜 하게 해주면서 탄력 있는 웨이브를 얻도록 해준다.

특히 퍼머넨트 웨이브를 여러번 실시한 모발일 경우 두피쪽의 모근보다 모선끝 부분이 더 손상되어 있으므로 모질의 발란스를 유지시키면서 건강하고 탄력있는 웨이브를 얻기 위해 모선 끝에 도포해 준다.

(3) 특수 활성제의 도포

발수성 모발은 모표피에 지방성분이 많고 모표피가 밀착되어 있어 틈새가 거의 없기 때문에 수분을 밀어내는 성향이 있으므로 퍼머넨트 웨이브제의 흡수력도 매우 낮다. 이런 모발에 특수활성제를 도포함으로서 퍼머넨트 웨이브제의 흡수를 돕고 웨이브의 형성 또한 용이하게 한다.

4) 와인딩과 환원제의 도포

(1) 와인딩

와인딩이란 로드에 모발을 감는 기술을 말하며 강한 웨이브와 부드러운 웨이브를 얻기 위한 조건으로는 같은 모질의 경우 환원제의 pH농도보다는 선정된 로드의 직경과 재질에 의해 결정된다.

강한 릿지(ridge)와 균등한 웨이브를 형성하기 위하여 모발에 적당한 텐션을 주어 매끄럽고 균일하게 와인딩해야 하며, 모발을 너무 팽팽하게 당겨서 와인딩하면 모발을 손상시키거나 환원제가 모발에 골고루 스며들지 않으므로 웨이브의 형성이 잘 이루어지지 않을 뿐만 아니라 모발의 손상을 초래한다.

(2) 환원제

퍼머넌트 웨이브제의 제1제로 케라틴을 연화시키고 시스틴 결합을 절단하는 역할을 한다.

① 환원제의 도포방법

직접 환원제를 도포한 후 와인딩하는 방법과 모발에 물을 촉촉하게 적셔서 와인딩을 끝낸 후에 환원제를 도포하는 방법이 있는데 후자의 방법을 워터 래핑(water wrapping)이라고 한다. 이 방법은 첫째, 연속해서 시술을 행하는 시술자의 손을 보호하고 둘째, 제1제의 작용시간을 균등하게 하기 위한 것이며, 셋째 손상모나 흡수성모인 경우 제1제가 빨리 흡수되어 모발의 손상을 가져오기 때문에 먼저 물을 도포한 후 환원제를 도포하는 것이 모발의 손상을 줄이고 일률적인 웨이브를 얻을 수 있다.

특히, 자연모(virgin hair)나 경모인 경우 환원제를 도포한 후 비닐캡을 씌워 약 5~8분간 열처리를 하고 어느 정도 모발이 연화된 상태에서 와인딩을 실시하는 것이 효과적인 웨이브를 얻을 수 있다.

② 환원제 도포시 주의사항

환원제에는 티오글리콜산이라는 피부와 모발에 대해서 본질적으로 유해한 물질이 포함되어 있으므로 취급상에 있어서 세심한 주의를 하지 않으면 안된다.

a) 모발 가장자리의 피부를 보호하기 위해 헤어라인 둘레에 보호 크림을 바르고 헤어밴드를 하며, 환원제를 너무 많이 도포하면 두피, 이마, 눈, 목덜미에 흘러 피부와 점막을 자극 할 수 있으므로 주의한다.

b) 어플리케이터는 금속성을 피하며 깨끗하고 물기가 없어야 한다.

c) 모근에서 모선까지 모발 전체에 환원제를 골고루 도포한다.

d) 로드를 빠뜨리지 않고 하나하나에 정확하게 도포한다.

e) 환원제가 모발에 잘 스며들도록 주의한다.

f) 환원제가 로드에 와인딩된 모발의 끝까지 잘 배어들도록 주의한다.

g) 환원제의 도포 후 반드시 비닐 캡을 씌운다.

h) 필요에 따라 전열기구를 사용한다.

③ 환원도

와인딩을 끝낸 다음 환원제를 도포하면 방치시간 동안 모발에는 환원작용이 일어난다. 이때 모발케라틴의 시스틴 결합 총체에 대한 환원작용에 의하여 끊어진 시스틴 결합과의 비율을 환원도라고 한다. 원하는 컬을 얻기 위한 가장 이상적인 환원도는 약 30% 정도이다.

표 4-4 퍼머넨트 웨이브 시술시 모발의 환원도

끊어진 시스틴 결합	끊어지지 않은 시스틴 결합	결 과
30%	70%	이상적인 환원도이며 원하는 형태의 컬을 얻을 수 있다
10%	90%	모발 본래의 상태로 돌아가려는 경향을 갖으며 컬의 형성이 완전하지 않다
50%	50%	케라틴이 손상된다
100%		모발이 완전히 용해된다

(3) 비닐캡(vinyl cap)

환원제의 도포가 끝나면 불침투성의 비닐캡을 씌워 두피열에 의한 환원제의 작용을 촉진시키고 모발 전체에 고르게 이루어지도록 하는 동시에 휘발성 알칼리의 방출을 막아 준다.

퍼머넨트 웨이브제가 도포된 후 비닐캡이 닿는 이마부위, 귀 둘레, 목 부분이 캡의 가장자리에 눌려 급성피부염을 일으키거나 모발이 끊어질 우려가 있으므로 주의하여야 한다.

5) 방치시간과 테스트 컬

(1) 방치시간(processing time)

방치시간은 마지막으로 환원제를 도포한 순간부터이며, 모발의 성질과 상태, 사용된 퍼머넌트 웨이브제의 종류, 와인딩시 실내온도와 체온에 따라 다르지만 평균적으로 약 20분 정도이다. 직접적인 방법에 의한 환원제 도포 시에는 처음에 와인딩한 로드와 마지막으로 와인딩한 로드를 풀어 테스트한다.

원하는 컬의 형성이 이루어지지 않았을 경우 컬의 형성정도에 따라 환원제를 다시 한번 도포한 후 방치시간을 조금 더 연장한다. 그러나 방치시간이 너무 길어지면 컬의 탄력은 줄어들고 오히려 모발이 늘어지고 화학적인 손상을 입게 되므로 방치시간을 정확하게 체크하여야 한다.

퍼머넌트 웨이브란 모발과 퍼머넌트 웨이브제와의 화학반응에 의해 이루어지는 것으로 온도의 영향이 매우 크다. 이 온도를 무시하고 환원제의 작용시간을 길게 방치해두거나, 캡을 씌우는 방법이 나빠 공기 중에 노출되면 시스테인이 믹스 설파이드로 될 우려가 있다. 이 믹스 설파이드는 다시 시스틴으로 되돌아가지 않아 방치시간을 초과하도록 하며, 이로 인해 시스틴 재결합이 잘 안되어 결과적으로 모발의 손상만 초래하게 된다.

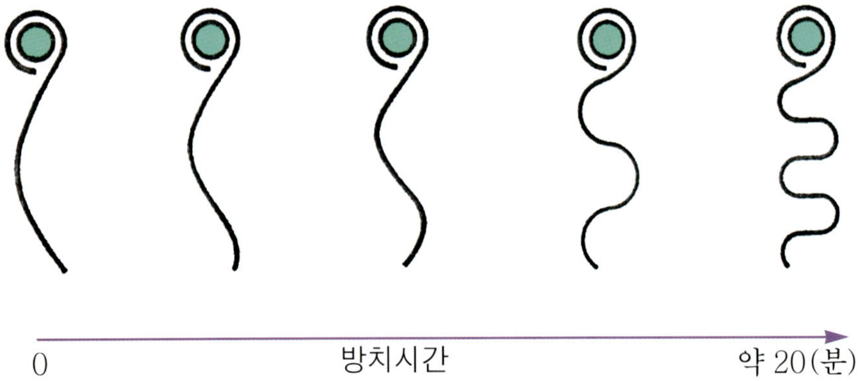

그림 4-4 방치시간의 경과에 따른 컬의 형성

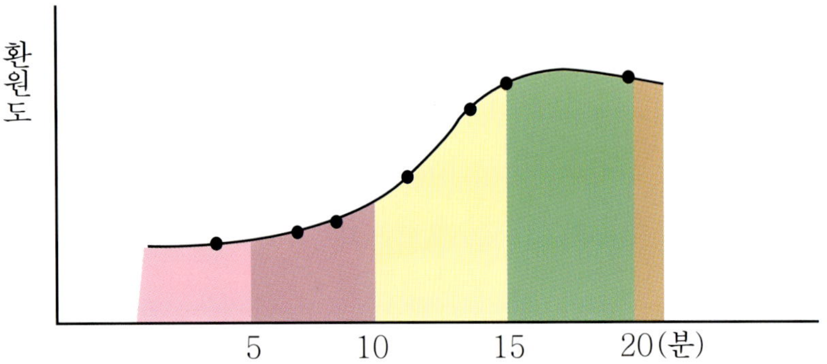

그림 4-5 방치시간과 모발의 환원도

(2) 테스트 컬(test curl)

테스트 컬이란 모발에 대한 환원제 작용정도를 판단하여 정확한 방치시간을 결정하고 웨이브의 형성정도를 조사하는 것이다.

일반적으로 캡을 씌운 후부터 10분에서 15분 정도 경과하면 미리 정해놓은 스트랜드 중 일부를 로드에서 완전히 풀지 않고 살며시 풀어 형성된 웨이브가 탄력 있는 "S"자형을 이루는가를 검사한다. 이때는 모발이 유연한 상태이므로 잡아당기거나 쭉 풀면 테스트가 잘 되지 않으므로 모발이 "S"자형으로 되도록 풀어서 원하는 컬의 형성도를 확인한 다음 테스트 컬을 한 부위를 다시 와인딩해서 고정시킨다.

이때 모질이 좋은 모발은 뚜렷하고 강한 "S"자형을 이루지만 약한 모질은 "S"자의 선이 뚜렷하게 나타나지 않는다. 또한 모발 각 부위마다 진행시간이 다르며 이러한 현상은 같은 머리카락에서조차도 상당히 다르게 나타난다. 만일 웨이브의 형성이 미약하면 원하는 컬의 형태가 나올 때까지 방치시간을 더 두며, 테스트 할 때마다 머리의 다른 부위를 선정하여 같은 로드의 컬을 재차 테스트하는 일이 없도록 한다.

퍼머넌트 웨이브제에는 액성에 의한 분류에 따라 알칼리성, 산성, 중성이 있으며, 중성이나 산성 퍼머넌트 웨이브제는 알칼리성 퍼머넌트 웨이브제보다 환원하는 힘이 약하고 팽윤도 적기 때문에 판단하기가 힘이 들며, 이 경우 테스트 컬은 약간의 경험이 필요하다.

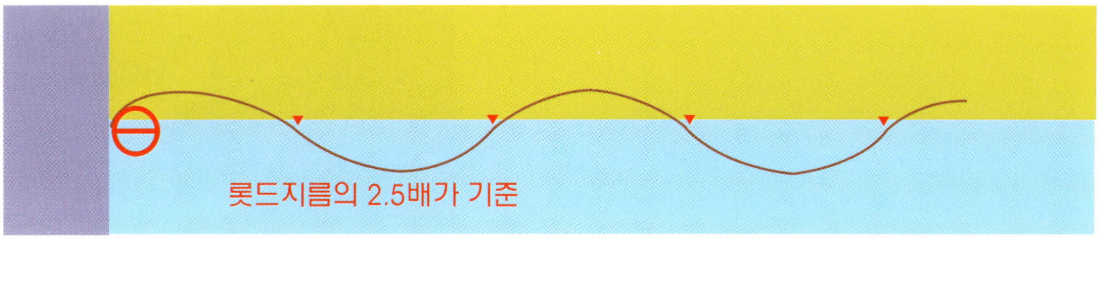

그림 4-6 테스트 컬

6) 중간린스(plain rinse)

중간린스란 산화제의 산화작용이 모발 내부에서 원활히 이루어지도록 하기 위하여 환원제를 헹구어내는 것을 말한다. 만약 중간린스의 단계를 거치지 않고 산화제를 도포했을 경우에는 모발에 남아있는 환원제의 알칼리가 모발에 잔재한 상태로 산화제의 산화작용이 제대로 이루어지지 않으므로 웨이브의 고정력은 떨어지고 불완전하게 되며, 두피와 모발의 손상요인이 되기도 한다. 또한 과산화수소가 산화제의 주성분으로 포함되어 있는 경우 브롬산칼륨과 브롬산나트륨 등과는 달리 알칼리상태에서의 산화작용이 모발의 탈색과 손상을 유발할 수 있으므로 중간린스는 반드시 필요하다.

시술방법으로는 두 종류가 있는데, 로드가 와인딩된 상태에서 따뜻한 물로 헹구어내는 방법(플레인 린스)과 티슈나 수건을 사용하여 각 로드 사이를 눌러 환원제를 제거하는 방법이 있다. 플레인 린스를 할 경우 샴푸 세트의 물살을 약하게 하여 모발 전체를 충분히 헹구어 낸 다음 탈지면이나 거즈 또는 수건을 사용하여 조심스럽게 각 로드와 로드 사이의 물기를 제거한다.

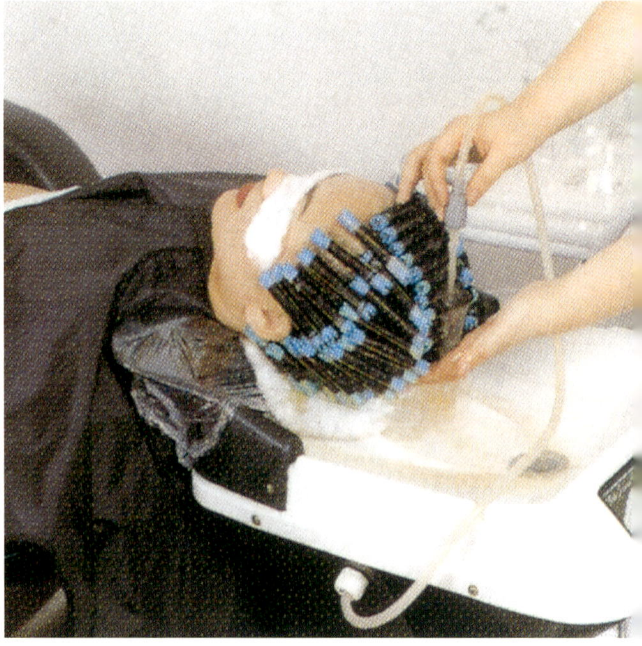

그림 4-7 중간린스

7) 산화제의 도포

그림 4-8 산화제의 도포

산화제는 환원제의 작용을 중지시키고 웨이브의 형태를 고정시켜 주는 것으로 다른 말로 중화제라는 용어를 쓰기도 하지만 산화제의 산화작용은 환원된 모발을 자연 상태의 모발로 회복시키는 역할을 하며, 알칼리 성분을 중화시키는 작용은 없다.

중간린스 후에는 반드시 물기를 충분히 제거한 후 산화제를 도포해야만 산화작용이 잘 이루어질 수 있는데, 그 이유는 모발에 물기가 많이 남아있으면 물에 의해 산화제가 희석될 뿐만 아니라, 모발 또한 물을 많이 흡수하고 있는 상태에선 더 이상 산화제를 흡수하지 못하기 때문이다.

산화제는 빠뜨리지 않고 로드 하나 하나에 꼼꼼히 도포해야 균일한 웨이브의 형성을 완성할 수 있다. 모발의 양, 모발의 길이, 모발의 상태, 원하는 컬의 형태 또는 환원제 도포 후 방치시간에 따라 도포의 회수와 방치시간를 조절한다.

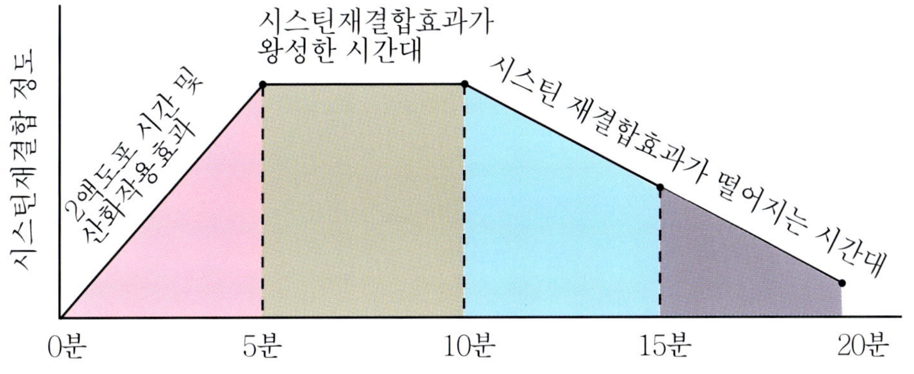

그림 4-9 산화제 1회 도포시 시스틴의 재결합상태

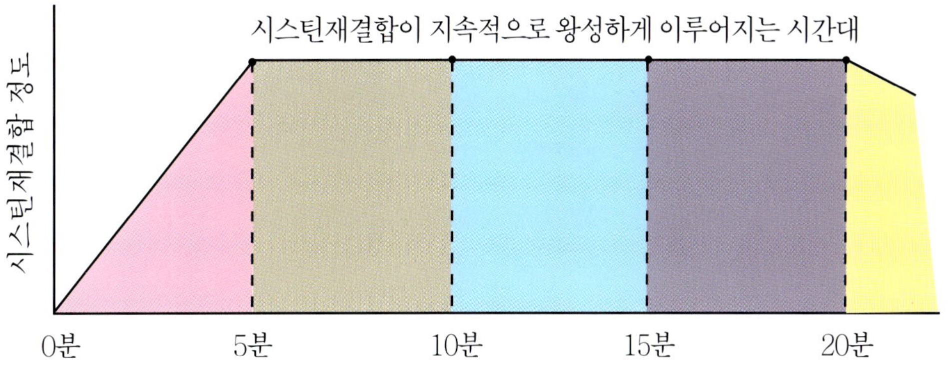

그림 4-10 산화제 2회 도포시 시스틴의 재결합상태

8) 최종 린스 와 모발 및 두피 관리

퍼머넨트 웨이브 시술 후에는 다소라도 모발과 두피가 자극을 받아 손상이 되기 때문에 모발 및 두피의 관리는 매우 중요하다.

(1) 최종 린스

당기지 않고 살며시 풀어준 다음 두피에 자국이 남지 않도록 가볍게 두피 마사지를 해준다.

산화제가 모발에 남아있으면 탈색과 손상의 우려가 있으므로 모발 및 두피에 남아 있는 퍼머넨트 웨이브제가 완전히 제거될 수 있도록 미지근한 물로 충분히 헹구어 준다. 퍼머넨트 웨이브 시술 후에는 샴푸제를 사용한 샴푸를 하지 않는데, 그 이유는 시스틴 재결합이 불충분한 부분의 웨이브를 약하게 하여 탄력성을 저하시킴으로써 웨이브가 쉽게 풀어지게 하는 원인이 되기 때문이다.

(2) 모발 및 두피 관리

퍼머넨트 웨이브 시술 후에는 모발 케라틴이 가능한 자연상태의 견고성을 되찾게 하기 위하여 산성효과가 높은 린스제를 사용하여 모발과 두피를 약산성의 상태로 되돌려 놓아야 한다. 퍼머넨트 웨이브 된 모발은 민감해지고, 윤기와 탄력성이 부족해지며, 모발색이 밝아지고, 엉켜서 빗질하기에도 힘들다. 퍼머넨트 웨이브 시술 후에 사용되는 헤어트리트먼트가 많이 개발되어 있으므로 적절하게 사용하여 모발을 건강하게 유지시키도록 하며, 모발에 생기를 되찾게 하여 헤어스타일이 잘 만들어지도록 해야만 한다.

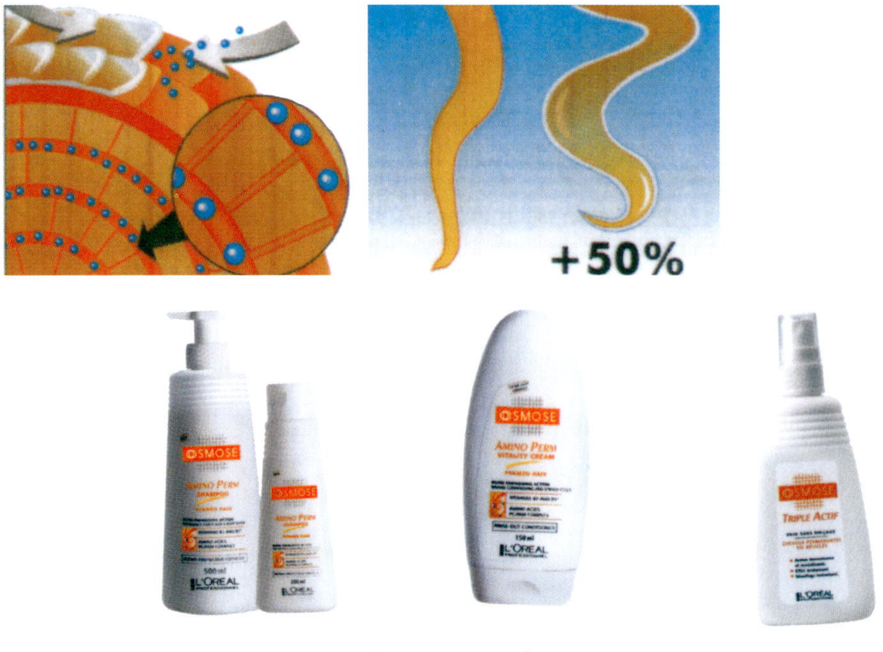

그림 4-11 퍼머넨트 웨이브 시술 후 모발 및 두피 트리트먼트제품

① 산성린스

a) 산화작용만으로는 부족한 시스틴 재결합을 안정되게 한다.
b) 화학작용으로 민감해진 모발에 생기를 되찾게 한다.
c) 모발에 남아 있는 퍼머넨트 웨이브제의 잔여물을 제거한다.
d) 모발과 두피의 pH를 안정되게 한다.
e) 케라틴을 견고하게 한다.
f) 모발에 탄력있는 웨이브가 유지되도록 한다.

② 모발 및 두피 트리트먼트

a) 모발 케라틴을 견고하게 한다.
b) 모발을 수축시킨다.
c) 환원제와 산화제의 잔여물을 제거한다.
d) 퍼머넨트제 특유의 냄새를 제거한다.
e) 환원제에 의해 알칼리화 되어있는 모발과 두피의 pH를 약산성화 시킨다.
f) 두피 마사지를 통해 긴장된 두피조직을 이완시키고 혈액순환을 좋게 한다.

퍼머넨트 웨이브 시술과정

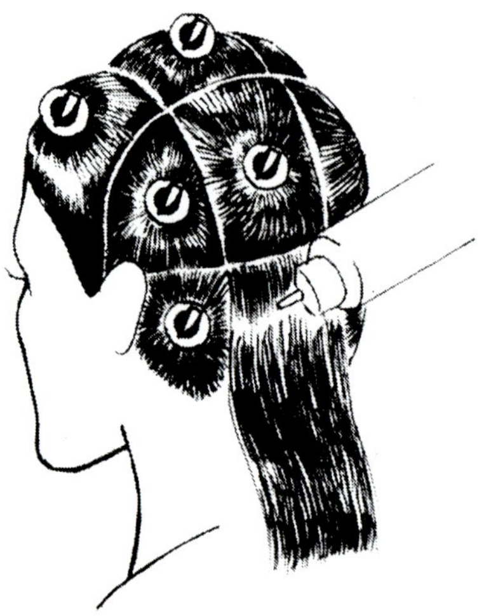

① 1액 도포

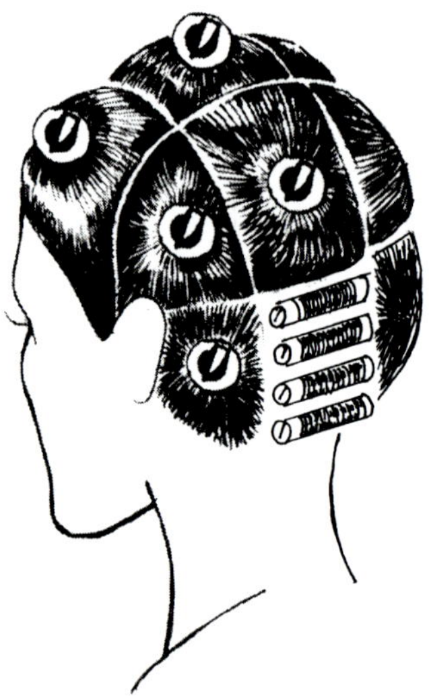

② 와인딩

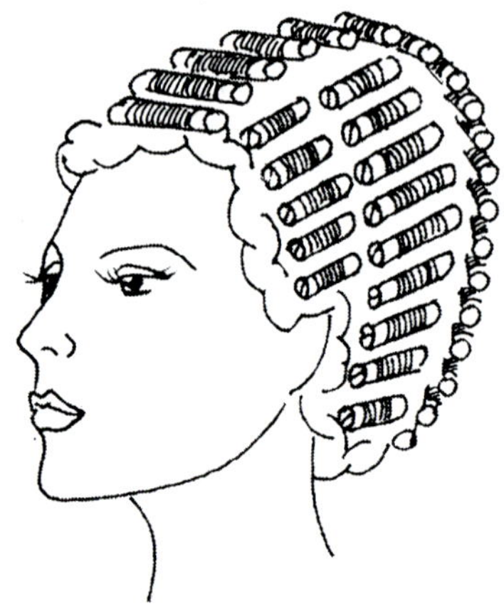

③ 와인딩한 모습

⑥ 테스트 컬

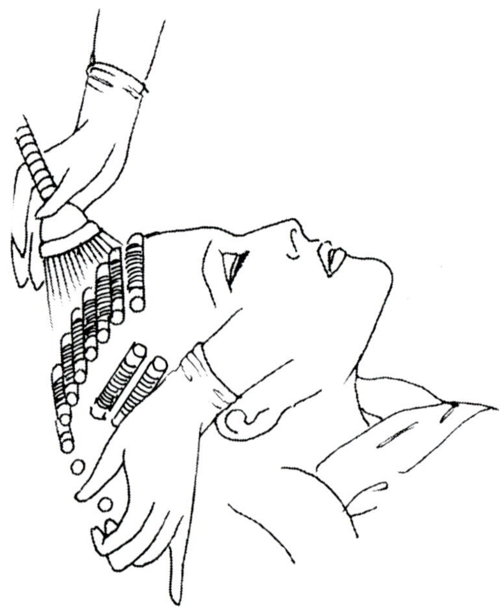

⑦ 중간린스

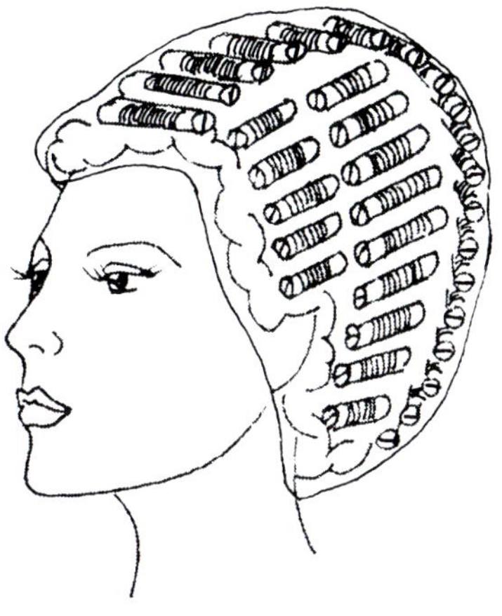

④ 비닐캡 씌우기

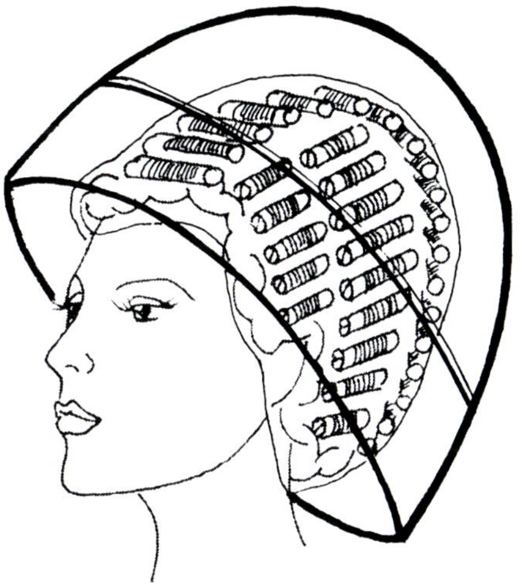

⑤ 방치시간

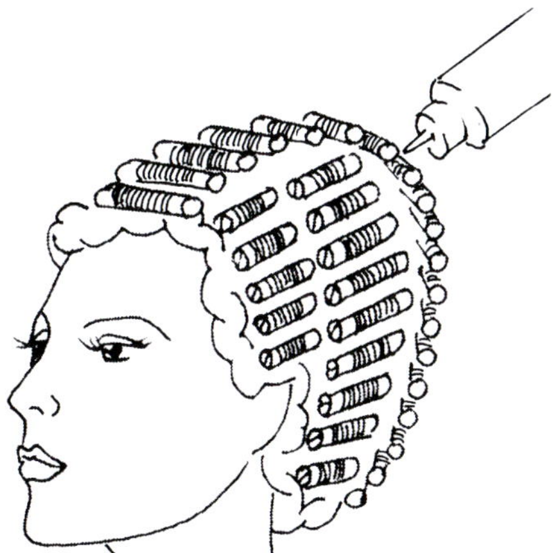

⑧ 2액 도포

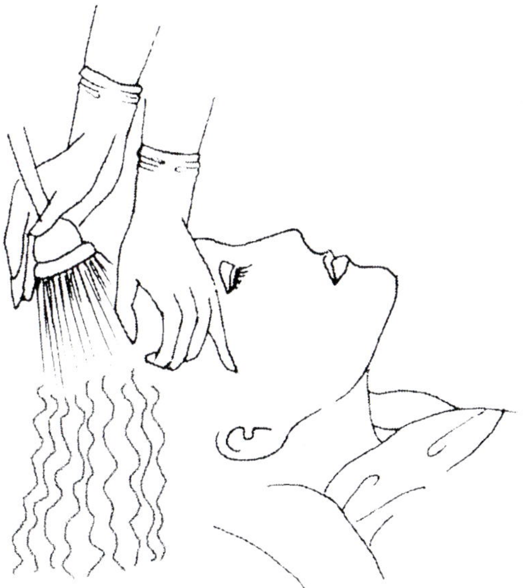

⑨ 최종린스

4. 퍼머넌트 웨이브가 잘 형성되지 않은 경우의 원인

퍼머넌트 웨이브가 잘 형성되지 않은 경우의 원인은 여러 가지가 있다. 그 원인들을 살펴보면 모발에 있는 경우, 퍼머넌트 웨이브제에 있는 경우, 기술상의 원인이 있는 경우 등이 있다.

1) 모발에 원인이 있는 경우

모발에 원인이 있어 퍼머넌트 웨이브가 나오지 않은 경우는 다시 두 가지로 구분될 수 있다.

첫째, 선천적으로 퍼머넌트 웨이브가 잘 형성되지 않는 모질이 있다. 모발의 성분이 보통 모발과는 달리 퍼머넌트 웨이브제의 침투가 어려운 발수성 모발, 힘이 없는 모발 등 여러 가지 경우가 있으나 각각 퍼머넌트 웨이브 시술 전 적합한 전처리를 해주거나 웨이브제의 선택을 잘 하면 전혀 웨이브가 형성되지 않는다고는 할 수 없다.

둘째, 금속성염모제로 염색한 일이 있거나 또는 칼슘성분이 많은 경수(硬水)에 비누로 머리를 감아 모발에 칼슘성분이 묻어 있는 경우가 있다.

2) 퍼머넌트 웨이브제에 원인이 있는 경우

흔히 쓰다 남은 퍼머넌트 웨이브제를 어플리케이터(액량계)속에 남겨 두었다가 하루가 지난후 그것을 다시 쓰게 되면 실패의 원인이 되는데, 제 1제의 주성분인 티오글리콜산이 공기 중의 산소와 접촉되면 차츰 산화되어 디티오글리콜산(dithioglycolic acid)이라고 하는 효력 없는 용액으로 변화되었기 때문이다. 또 퍼머넌트 웨이브제에는 이 티오글리콜산이외에 암모니아와 같은 알칼리 성분을 넣어 pH를 일정하게 조절하고 있는데(보통pH9.0~9.5) 암모니아가 날아가면 pH가 내려가게 된다. 그러므로 쓰다 남은 용액을 큰 병 속에 남겨두면 공기와 닿게 되어 산화되므로 작은 병에 두껑을 꼭 닫아서 햇볕이 들지 않고 환기가 잘 되는 서늘한 곳에 보관해야한다.

3) 기술상의 원인이 있는 경우

웨이브가 잘 형성되지 않았거나 곧 늘어지게 되는 원인에는 와인딩 방법에 있어 텐션이 부족했거나 제1제와 제2제의 도포에 문제가 있어 환원 · 산화작용이 충분히 이루어지지 않은 경우이다. 제1제 처리 후 테스트 컬(test curl)에서 충분히 연화 · 환원되어 있었는가를 확인할 필요가 있다.

만약 일정한 방치시간동안 선정된 로드의 형태로 웨이브가 형성되지 않았으면 그것은 제1제의 양이 모자랐거나, 온도가 너무 낮았을 경우이다. 보통 와인딩하기 전에 제1제를 도포하고 와인딩이 끝난 후 다시 충분히 도포하는 것이 일반적이지만 저항성모발일 경우에는 이것만으로도 부족할 때가 있다. 약 10분 후(퍼머넨트 웨이브제에 따라 약간의 차이가 있지만) 테스트 컬하여 웨이브 형성이 안 되었을 경우 시간만 늘릴 것이 아니라 다시 한번 퍼머넨트 웨이브제를 도포해야 원하는 웨이브를 얻을 수 있다.

실온에서 가능한 콜드 퍼머넨트 웨이브라고 하더라도 제1제가 반응할 때의 최저온도는 30℃전후라야 한다. 비닐캡을 씌운 다음 약 5분 정도 경과되면 두피의 온도는 30℃전후를 유지하나 노 캡이거나 주위 온도가 너무 낮을 경우에는 제1제의 반응이 늦어진다. 이때에는 열처리를 하여 온도를 유지시켜주어야만 원하는 웨이브를 얻을 수 있다.

5. 퍼머넨트 웨이브 시술 후 모발 및 두피의 이상현상

1) 비듬의 생성

퍼머넨트 웨이브제는 모발에만 도포하는 것이지만 시술 시 자연스럽게 두피에도 흘러내리게 된다. 환원제는 케라틴을 연화 · 팽창시키는 작용이 있으므로 두피에 묻었을 경우 각질층이 팽창된 상태로 된다. 두피 본래의 상태로 회복시키지 못했을 경우 알칼리 상태로 건조되어 비듬이 생기게 된다. 그러므로 퍼머넨트 웨이브 시술 후에는 모발 뿐만 아니라 두피도 충분히 헹구어 준 다음 산성린스 또는 트리트먼트를 사용하여 두피의 pH를 정상화시켜야 한다.

2) 절모 현상

(1) 두피부분의 모발이 까실까실하게 잘려진 경우

퍼머넨트 웨이브 시술 후 모발이 빠지는 경우는 모발의 자연적인 성장주기에 기인하기도 하지만 모발이 나오는 모공의 위쪽에서 잘려진 경우이기 때문이기도 하다. 이것은 두피에 흐른 환원제가 모공에 스며들거나 환원제를 미리 모발에 바른 후 강한 텐션에 의해 로드를 와인딩 했을 때 모발이 누그러져 환원제가 모공속으로 스며들게 되어 모발이 약해진 채로 있다가 후에 끊어지는 경우이다. 모공 부근에서 끊어졌으므로 일주일쯤 지나면 자라서 두피의 표면이 까실까실하게 된다. 새로 자라나지만 심한 경우 모공 주위가 빨갛게 부어오르고 급성 모낭염을 일으키는 수도 있다.

와인딩시에는 너무 강한 텐션을 주지 말고 비닐캡을 씌울 때에는 밖으로 밀려나온 로드를 무리하게 비닐캡 속으로 밀어 넣어 모발이 당겨지지 않도록 주의한다.

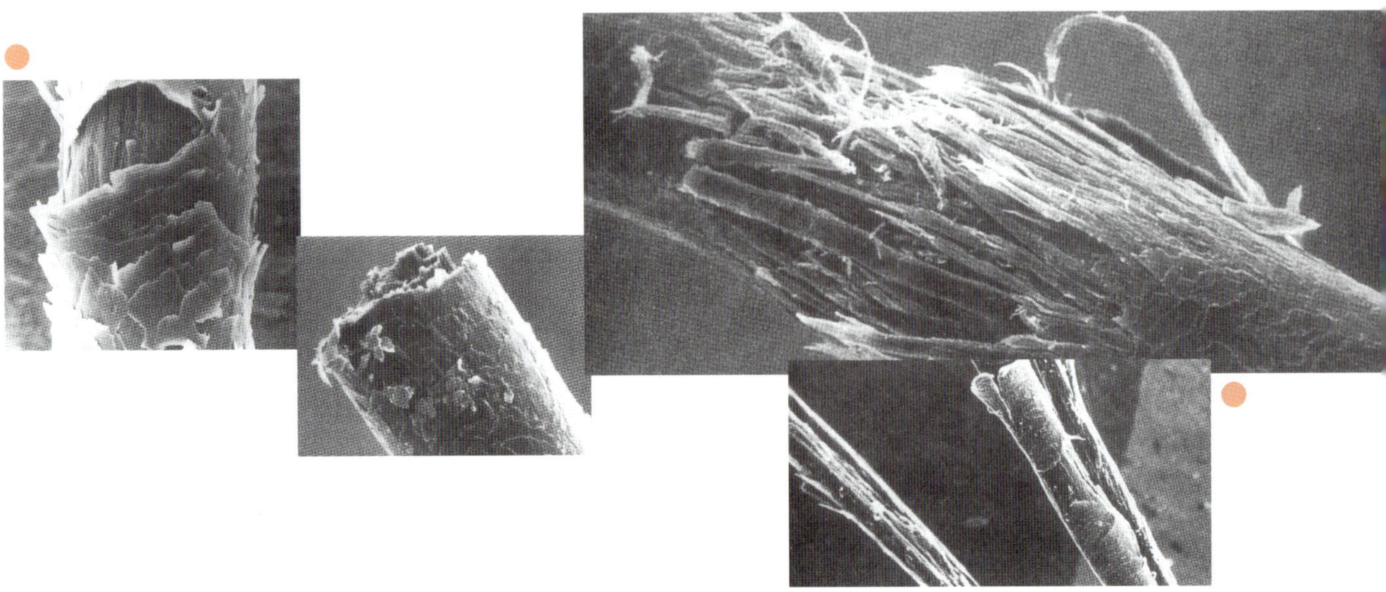

(2) 두피로부터 2~3cm 떨어진 부분이 잘려진 경우

두피로부터 2~3cm 떨어진 부분에서 모발이 끊어지는 경우도 있는데, 이는 잘못된 고무밴딩에서 기인한다. 고무밴딩이 잘못되면 머리카락이 당기게 되고 환원제가 고무밴드 주위에 고여 있게 되고 산화제의 침투도 어렵게 된다. 모발은 상처를 입게 되고 심하면 끊어지게 된다. 고무밴딩은 두피쪽에 닿을 정도로 강하게 걸지 않으며 산화제를 도포 할 때는 고무밴딩이 되어 있는 부분까지 세심하게 도포한다.

3) 탈모현상

탈모는 모공 내부의 모근이 강하게 잡아당겨진 부분에서 생긴다. 이 경우 보통 모근은 파손되지 않으므로 자연스럽게 모발이 자라지만 피부장애를 일으켜 영구 탈모의 원인이 될 수도 있다. 모발이 끊어지는 단모와 모발이 빠지는 탈모를 일으키지 않기 위해서는 티오글리콜산의 농도와 와인딩 방법, 방치시간 등에 세심한 주의가 필요하다. 또한 이미 염색한 모발은 장해를 받기 쉬우므로 티오글리콜산 또는 시스테인의 농도와 알칼리제의 배합이 높지 않은 퍼머넨트 웨이브제를 선택하도록 한다.

4) 모발색의 변화

환원제인 티오글리콜산과 산화제의 과산화수소, 브롬산칼륨, 브롬산나트륨 등은 모피질 내의 멜라닌 색소를 탈색시킬 수 있으며, 열에 의해서도 멜라닌 색소는 탈색될 수 있다. 그러므로 퍼머넨트 웨이브 시술 후 모발에 알칼리성분이 남아 있는 상태 또는 멜라닌 색소를 파괴시킬 정도의 산화력을 갖고 있지는 않으나 산화제가 모발에서 완전히 제거되지 않은 상태에서 헤어드라잉을 했을 경우에 모발은 변색 될 수 있다.

퍼머넨트 웨이브 시술 후에는 물로 깨끗이 헹구어 모발내부에 환원제와 산화제의 잔여물이 남지 않도록 하며, 산성린스로 모발과 두피의 pH를 정상화시켜야 한다.

5) 피부 트러블

시술에 앞서 두피에 이상이 있을 경우에는 완전히 회복될 때까지 시술을 해서는 안 된다. 환원제의 직접 자극에 의해서 피부가 약한 사람은 환원제가 묻은 부분이 빨갛게 부어서 통증이 생기거나 중증인 경우는 옻이 타거나 피부염증이 생긴다. 피부트러블을 일으키지 않도록 얼굴이나 피부에 묻었을 경우 즉시 티슈나 수건을 이용하여 닦아주고 헤어 밴드가 축축하게 젖었을 경우에는 마른 밴드로 즉시 바꾸어 준다. 또한 시술자의 경우에도 반복해서 퍼머넨트 웨이브제를 취급하면 손이나 손가락에 둥글고 빨간 발진 같은 것이 생기며, 각질의 증진이 눈에 띄고 피부표면이 까칠까칠해 지기도 한다. 시술이 끝나면 반드시 손을 깨끗이 씻고 핸드 크림을 바르도록 한다.

환원제에 의한 자극이외에도 퍼머넨트 웨이브 시술에 앞서 이용된 샴푸제와 정발제 등에 의하여 피부 트러블을 일으킬 수 있다.

6. 퍼머넨트 웨이브 스타일의 완성

1) 쇼트 헤어 퍼머넨트 웨이브 스타일

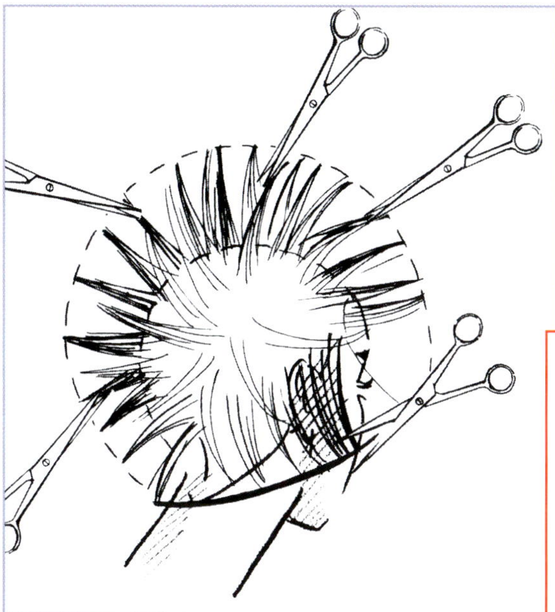

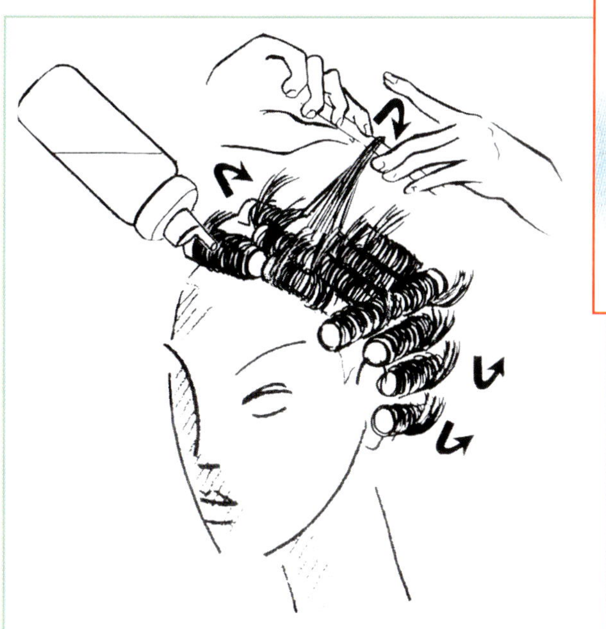

2) 미디윰 헤어 퍼머넨트 웨이브 스타일

(1) 하드 웨이브 스타일

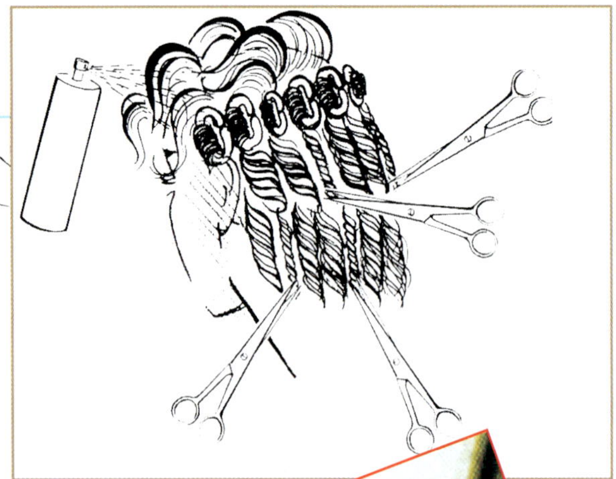

(2) 소프트 웨이브 스타일

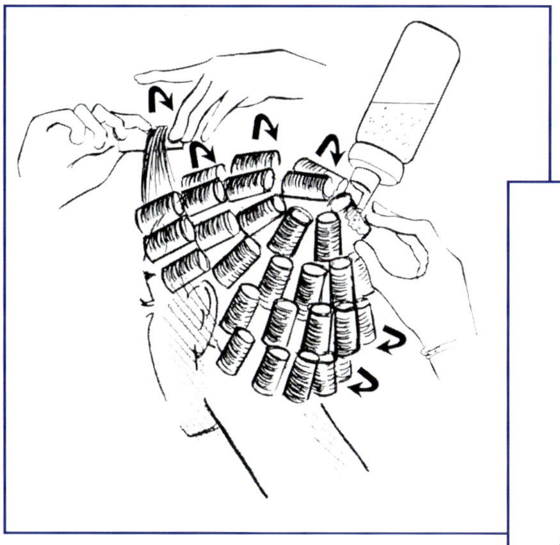

3) 롱 헤어 퍼머넌트 웨이브 스타일

(1) 소프트 웨이브 스타일

(2) 압착식 웨이브 스타일

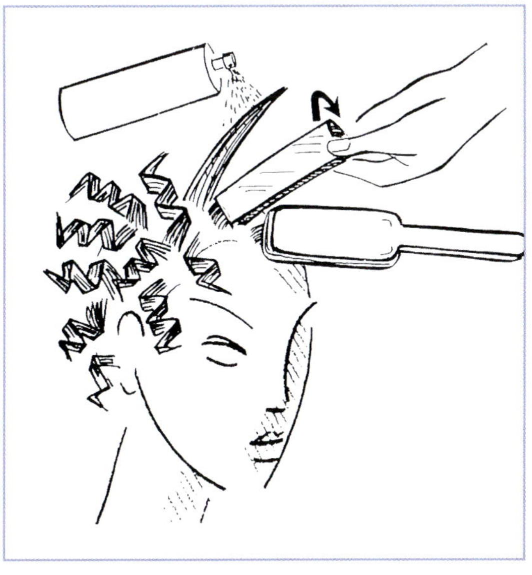

4) 아프리칸 퍼머넌트 웨이브 스타일

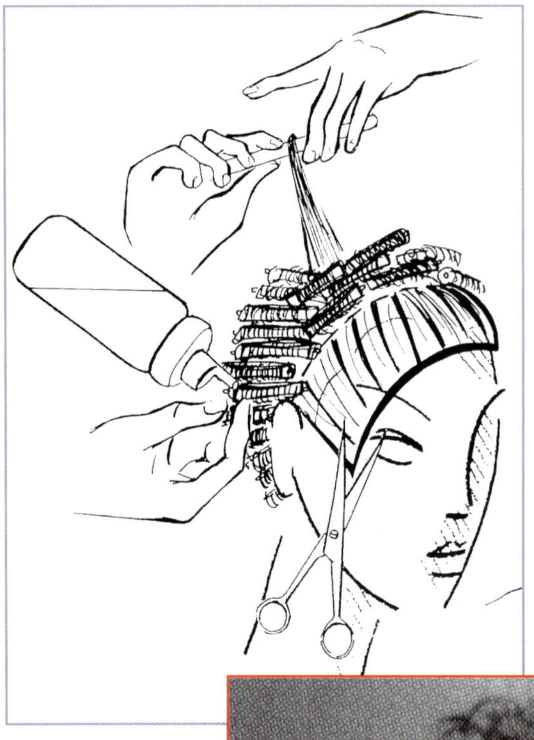

V. 퍼머넨트 웨이브와 헤어디자인

1.고객상담

2. 헤어라인과 웨이브

3. 웨이브에 따른 이미지 연출

Ⅴ. 퍼머넨트 웨이브와 헤어디자인

1. 고객상담

1) 모발과 두피의 관리

이전에 했던 퍼머넨트 웨이브에 의한 모발과 두피의 손상은 없었는지, 주로 사용하는 샴푸와 헤어 트리트먼트제는 무엇이었는지, 손질방법이 퍼머넨트 웨이브의 유지와 모발손상 방지에 적합한 것이었는지 확인하여 모발상태에 맞는 관리법과 제품에 대하여 조언한다.

2) 헤어스타일

원하는 헤어스타일에 따른 모발의 길이, 형, 색상, 컬의 정도 등을 묻고, 본래 고객이 갖고 있는 모발의 길이, 모발의 양, 모류의 흐름과 얼굴형, 전체 코디네이션을 체크한다.

3) 최신 경향에 대한 조언

현재 유행하고 있는 헤어스타일에 대한 정보를 제공하고, 고객의 직업, 나이, 성향에 맞는 헤어스타일을 고객과의 상담을 통하여 결정한다.

2. 헤어라인과 웨이브

고객의 개성 및 취향, 직업 등의 여러 조건을 만족시킬 수 있는 헤어스타일을 선정한 후 그에 어울리는 웨이브를 선택해서 다양한 변화를 제공하는 일은 헤어디자이너에게 매우 중요한 업무이며, 헤어디자이너의 감각과 예술성에 의해 만들어지는 헤어스타일의 멋스러운 변화는 고객의 일상적인 생활까지도 생동감을 불어 넣어 준다.

1) 수평라인과 웨이브

헤어실루엣이 수평적인 스타일에 응용된 웨이브

그림 5-1 수평라인과 스트레이트

그림 5-2 수평라인과 웨이브

2) 그래듀에이션라인과 웨이브

헤어실루엣이 그래듀에이션된 스타일에 응용된 웨이브

그림 5-3 그래듀에이션라인과 스트레이트

그림 5-4 그래듀에이션라인과 웨이브

3) 레이어라인과 웨이브

헤어실루엣이 레이어된 스타일에 응용된 웨이브

그림 5-5 쇼트레이어라인과 스트레이트

그림 5-6 쇼트레이어라인과 웨이브

그림 5-7롱레이어라인과 웨이브

그림 5-8 롱레이어라인과 롤스트레이트

4) 남성 커트라인과 웨이브

그림 5-9 남성스트레이트 스타일

그림 5-10 남성웨이브 스타일

3. 웨이브에 따른 이미지 연출

1) 웨이브 볼륨에 따른 이미지

(1) 측두부와 후두부에 볼륨이 있는 웨이브 디자인

(2) 전두부에 볼륨이 있는 웨이브 디자인

(3) 두정부에 볼륨이 있는 웨이브 디자인

(4) 언밸런스 웨이브 디자인

2) 웨이브 디자인에 따른 이미지

(1) 웨이브 디자인

① 소프트 웨이브 디자인

② 하드 웨이브 디자인

(2) 스트레이트 스타일 디자인

(3) 롤 스트레이트 디자인

3) 토탈 패션 버젼에 따른 이미지

(1) 로맨틱

로맨틱이미지란 '공상적', '소설같다', '비현실적'이라는 의미로 꿈을 쫓는 듯한 여성스러운 분위기로서 귀엽고 사랑스러우며 소녀적인 느낌의 스타일을 말한다.

ROMANTIC
ROMANTIC
ROMANTIC
ROMANTIC

(2) 모던

MODERN

모던은 '현대적인', '근대적인' 이라는 의미를 가지고 있으며, 실험주의 경향과 색다른 것을 추구한다. 날카롭고 차가운 느낌의 인상, 도시적이고 합리적인 이미지로 항상 미래를 동경하고 지적인 여성이기를 소망하는 현대적인 감각의 스타일이다.

MODERN

(3) 아방가르드 아방가르드는 '전위적인' 이란 뜻으로 기성의 개념을 부정하고 전통을 배제하거나 파괴하기 위해 새로운 것을 창조한다는 실험적 성격이 짙고 대중성을 무시한 기묘한 디자인의 스타일로 전위적인 것과 기능성이나 실용성이 무시되는 형태이다.

AVANT-GARDE

AVANT-GARDE

NATURAL

(4) **내츄럴**

내츄럴은 '자연의', '천연의', '가공하지 않는, '보통의' 란 의미를 가지고 있으며 변형이나 과장을 피하는 스타일로 자연미를 강조하는 이미지이다.

(5) 뉴 웨이브

뉴웨이브는 현실 속에 존재할 수 없는 모순된 양면성을 기발한 아이디어로 동시에 표현하는 스타일이다.

NEW WAVE NEW WAVE

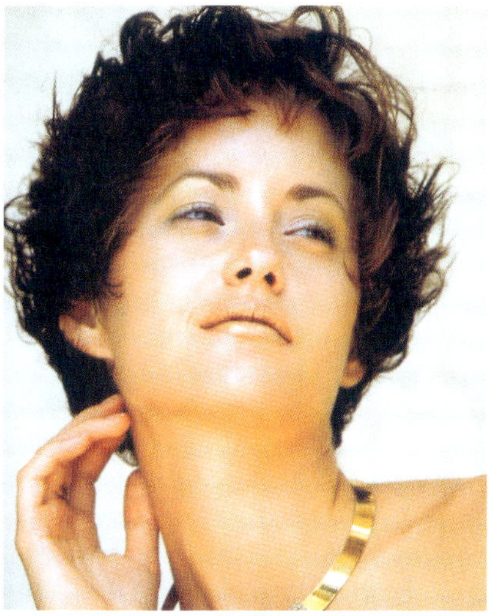

(6) 섹시 섹시이미지는 인스턴트 문화, 대중문화, 대량생산에 따른 쉽게 웃고 잊어 버릴 수 있는 유머와 재치, 새롭고 파격적인 생동감을 강조하며 성적매력을 중요시하는 멋과 시각적인 돋보임을 강조하는 스타일이다.

SEXY SEXY SEXY

SEXY SEXY SEXY

(7) 뉴밀레니엄

뉴밀레니엄은 다가오는 새천년을 맞이하는 이미지로 로맨틱과 사이버를 혼합한 사이버 로맨틱이 강세로서 미래를 맞이하는 부푼 기대와 희망을 표현해주는 스타일이다.

2000

(8) 오리엔탈

오리엔탈이란 동양권의 중근동에서 극동에 이르는 광활한 지역의 풍속 등을 동양적 신비감으로 나타내는 스타일이다.

ORIENTAL
ORIENTAL
ORIENTAL

부 록

1. 퍼머넨트 웨이브 관련 용어 정리
2. 헤어드레싱 시술카드
3. 미용사 자격증 실기시험 퍼머넨트 웨이브의 유형별 출제방식

1. 퍼머넨트 웨이브 관련 용어 정리

· **간접적인 방법**
물이나 시술 전 모발보호제를 도포하여 와인딩을 끝낸 후 와인딩된 모발 위에 환원제를 도포하는 방법

· **고정액(fixative)**
중화제(neutralizer) 참조

· **교차결합(cross-bonds)**
모발에 탄력성과 견고성을 주는 화학결합

· **뉴트럴라이제이션(neutralization)**
중화작용

· **뉴트럴라이저(neutralizer)**
퍼머넨트 웨이브제의 제2제(산화제)

· **다운 스템 와인딩(down stem winding)**
두피로부터 스트랜드의 각도를 90° 이하로 하여 로드에 와인딩하는 방법

· **더블와인딩(double winding)**
크기가 다른 2개의 로드를 번갈아 가면서 와인딩하는 방법

· **로드 오프(rod off)**
퍼머넨트 웨이브 시술시간이 끝난 후 와인딩된 로드를 풀어 떼어내는 것

· **롱 헤어(long hair)**
6인치 이상의 긴 머리

· **리버스 와인딩(reverse winding)**
귀바퀴 반대 방향으로 향해 와인딩하는 방법

· **리플레이스먼트 러버(replacement rubber)**
퍼머넨트 웨이브 시술시 와인딩 후 로드를 두피에 고정시키기 위해 사용하는 고무밴드

· **머쉬룸 와인딩(mushroom winding)**
버섯모양의 형태로서 골텐 포인트를 기점으로 방사선상에 로드를 일정하게 배열하는 기법

· **미용시술카드 (카르테, karte)**
미용시술을 행한 고객관리를 위하여 고객에 대한 정보와 시술내용 및 과정을 기록한 카드

· **방치시간 (processing time)**
환원제가 모발을 연화 · 팽윤시키고 시스틴 결합을 끊어주는데 필요한 시간

· **브롬산 칼륨($KBrO_3$)**
제 2제의 성분 중 하나

· **브롬산 나트륨($NaBrO_3$)**
제 2제의 성분 중 하나

· **산성 퍼머넨트 웨이브(acid permanet wave) 제**
pH 5.8～7.9를 가지는 퍼머넨트 웨이브제의 종류로서 티오글리콜산계의 웨이브제보다 순하다.

· **산화작용**
산화제를 도포하여 환원제에 의해 끊어진 시스틴결합을 재구성시키고 모발 본래의 견고성과 탄력성을 되찾게 하는 과정

· **쇼트 헤어(short hair)**
6인치 이하의 모발

· **스태크 와인딩(stack winding)**
로드를 겹치게 쌓아올려 와인딩하는 기법

· **스파이럴식 와인딩(spiral winding)**
로드를 수직으로 세워 나선형으로 돌려마는 기법

· **시스틴 결합(S-S 결합)**
모발에 견고성을 주는 측쇄결합. 이황화물 교차결합

· **시스테인 퍼머넨트 웨이브(cysteine permanent wave)**
모발에서 채취한 시스테인이란 아미노산을 성분으로 한 퍼머넨트 웨이브제를 사용해서 모발을 환원시켜 퍼머넨트 웨이브를 얻는 방법

· **알칼리 도(度)**
제1액에 포함되어 있는 유리 알칼리 양의 정도

· **엔드 랩(end wrap)**

앤드 페이퍼의 다른 용어로서 콜드 퍼머넨트 웨이브 시술 시 로드에 스트랜드를 와인딩할 때, 모발을 조절하고 보호하기 위해 모발의 끝에 대는 종이

· **얼터네트 와인딩(alternate winding)**

앞에서 뒤로 또는 위에서 아래로 번갈아가며 와인딩하는 방법

· **업 스템 와인딩(up stem winding)**

두피로 부터 스트랜드의 각도를 90° 이상으로 하여 로드에 와인딩하는 방법

· **엔드 페이퍼(end paper)**

모발을 로드에 와인딩할 때 모발 끝에 대는 종이

✻ 단면 사용 와인딩(single end paper)

스트랜드의 아랫면에는 앤드 페이퍼를 대지 않고 윗면에만 올려 놓고 와인딩하는 방법

✻ 양면 사용 와인딩(double end paper)

앤드 페이퍼를 하나는 스트랜드의 아랫쪽에 또 하나는 윗쪽에 겹치도록 하여 모발 끝을 감싸서 와인딩하는 방법

✻ 겹 사용 와인딩(book end paper)

앤드 페이퍼를 반으로 접어 모선을 감싸서 와인딩하는 방법

· **오버 타임(over time)**
퍼머넨트 웨이브 시술 시 환원제 도포 후 방치시간이 초과되는 것
· **와인딩(winding)**
모발을 로드에 감는 것으로 랩핑(Wrapping)이라고도 한다.
· **워터 래핑(water wrapping)**
모발을 물로 적시어 와인딩한 다음 환원제를 도포하는 방법
· **위브 와인딩(weave winding)**
와인딩 중간 중간에 와인딩을 하지 않고 모발을 그대로 남겨두는 기법
· **인덴테이션 와인딩(indentation winding)**
반대방향으로 와인딩하는 방법
· **중화제(neutralizer)**
환원제의 작용을 정지시키고 모발케라틴의 시스틴 결합을 재구성해주며 팽윤된 모발을 다시 탄력있고 견고하게 해주는 퍼머넨트 웨이브 제2제
· **직접적인 방법**
와인딩시 모발의 중간부분과 모선에 환원제를 도호하면서 와인딩 한 후 남아 있는 환원제를 도포하는 방법
· **티오글리콜산(thioglycolic acid)**
모발을 연화 · 팽창시키며, 시스틴 결합을 환원시켜 절단하는 콜드 퍼머넨트 웨이브제에서 가장 중요한 화학제품
· **케라틴(keratin)**
각화된 단백질로 모발의 주성분
· **콜드 퍼머넨트 웨이빙(cold permanent waving)**
인공적인 열을 가하지 않고 두피열로서 화학작용이 충분히 이루어질 수 있는 콜드 웨이브 퍼머넨트제를 사용하여 컬링하는 방법
· **크로키놀식 와인딩(croquignole winding)**
모선을 로드의 중심에 놓고 스트랜드가 겹쳐지면서 두피 가까이의 모근까지 와인딩되도록 하는 방법. 컬의 탄력성은 좋으나 모선보다 모근에 약한 컬이 형성된다.

· **테스트 컬(test curl)**
모발에 환원제의 작용정도와 컬의 형성을 확인하기 위하여 행하는 방법

· **텐션(tension)**
와인딩시 스트랜드를 잡아당기는 힘

· **트위스트 와인딩(twist winding)**
모발을 비틀어서 와인딩하는 방법

· **퍼머넌트 웨이브 촉진기(促進器)**
적외선이나 수증기의 열을 이용하여 퍼머넌트 웨이브 시술 시 화학작용을 가속화시켜 방치시간을 단축시켜 주는 기기

· **포니테일 감기(ponytail wrap)**
긴 머리를 위한 퍼머넌트 웨이브 와인딩 방법으로 중간정도의 컬 형성

· **포워드 와인딩(forward winding)**
귀바퀴 방향으로 향해 와인딩하는 방법

· **프로세싱(processing – 과정)**
모발에서의 퍼머넌트 웨이브제의 작용 과정

· **프로세싱 로션(processing lotion)**
퍼머넌트 웨이브제의 제1제(환원제)

· **프로세싱 타임(processing time)**
방치시간

· **프리 히트 퍼머넨트 웨이브(pre-heat permanent wave)**
모발의 컬을 위해 가열된 큰 덮개를 사용하는 헤어 컬링 방법. 종전의 방법과는 달리, 손님의 머리 가까이에 전기가 흐르지 않도록 한다.

· **플레인 린스(plain rinse)**
방치시간후 따뜻한 물로 모발에 도포된 환원제를 헹구어주는 것

· **헤어 밴드(hair band)**
모발에 사용된 퍼머넨트 웨이브제가 흘러내리지 않도록 얼굴 주위에 둘러주는 밴드

· **화학적인 열 chemical heat)**
퍼머넨트 웨이브제에 화학적인 활성제를 넣는 것에 의해 발생되는 열

· **환원작용(reduction)**
환원제를 도포하여 모발 케라틴을 연화 · 팽창시키고 시스틴 결합을 끊어주는 과정

· **환원제(reduction agent)**
모발 케라틴을 연화 · 팽창시키고 시스틴 결합을 끊어주는 퍼머넨트 웨이브 1제

2. 헤어드레싱시술카드

≪고객카드≫

고객성명 ______________________ (여/남)

전　　화 (직장/자택) ______________________

(HP) ______________________

주　　소 ______________________

____

생년월일 ______________________

직　　업 ☐ 직장인 ☐ 주부 ☐ 학생 ☐ 자영업 ☐ 기타______

담당헤어드레서 ______________________

헤어살롱을 찾게 된 동기

☐ 헤어살롱지명도 ☐ 잡지 ☐ 친구 ☐ 기타

주로 읽는 잡지명 ______________________

기타 특이사항 ______________________

____

____

❖ 모발 및 두피의 진단

모발 상태

시　　술　☐ 염색모 ☐ 퍼머모 ☐ 버진헤어

굵　　기　☐ 굵은모 ☐ 보통모 ☐ 가는모

길　　이　☐ 길다 ☐ 중간 ☐ 짧다

유　　형　☐ 건성 ☐ 중성 ☐ 지성

손상정도

외부(큐티클)손상　☐ 약손상 ☐ 손상 ☐ 극손상

내부손상　☐ 끊어짐 ☐ 늘어남

모발끝 갈라짐　☐ 있다 ☐ 없다

두피 상태

☐정상 ☐건성 ☐지성

비　　듬　☐부분 ☐전체

민감성 두피　☐ 붉은반점(전체/부분) ☐ 염증 ☐ 가려움증

☐ 긴장두피 ☐ 따가움증 ☐ 각질

탈　　모　☐ 영구적 ☐ 일시적 ☐ 부분적 ☐ 초기 ☐ 진전

❖ 시술기록표

월/일	시술종류	시술방법	시술제품	다음시술예약일	비고
/					
/					
/					
/					
/					
/					

월/일	시술종류	시술방법	시술제품	다음시술예약일	비고
/					
/					
/					
/					
/					
/					
/					
/					
/					
/					
/					
/					
/					
/					
/					
/					
/					
/					

3. 미용사 자격증 실기시험 퍼머넌트 웨이브의 유형별 출제방식

1) 퍼머넌트 웨이브의 노가르마 A형 9등분

(1) 브로킹 : 9등분

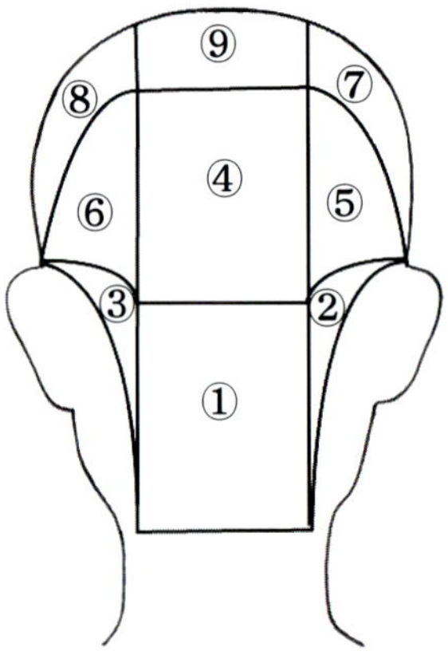

(2) 와인딩순서와 로드의 배열

로드의 수 / 순서	6호	7호	8호	9호	10호
①				1	2
②				1	2
③				1	2
④	8	3	2	1	
⑤	2	3	2	1	
⑥	2	3	2	1	
⑦	2	3	1		
⑧	2	3	1		
⑨	6				

2) 퍼머넨트 웨이브의 노가르마 A형 10등분

(1) 브로킹 : 10등분

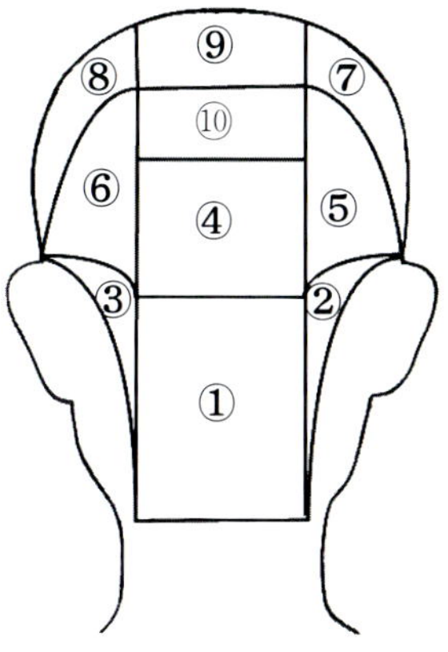

(2) 와인딩순서와 로드의 배열

로드의 수 / 순서	6호	7호	8호	9호	10호
①				1	2
②				1	2
③				1	2
④	3	3	2	1	
⑤	2	3	2	1	
⑥	2	3	2	1	
⑦	2	3	1		
⑧	2	3	1		
⑨	6				
⑩	6				

3) 퍼머넨트 웨이브의 노가르마 B형

(1) 브로킹 : 8등분

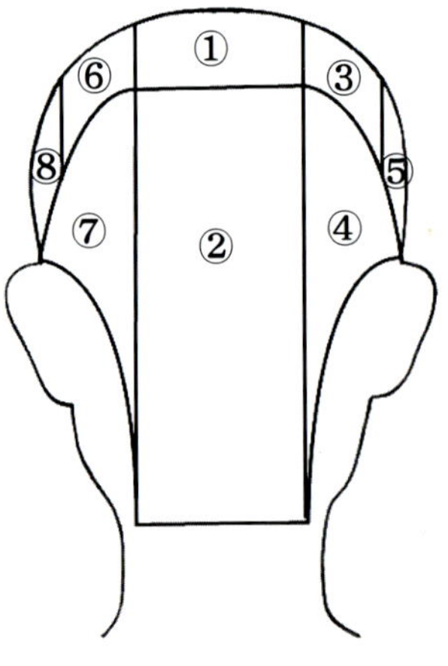

(2) 와인딩순서와 로드의 배열

로드의 수 / 순서	6호	7호	8호	9호	10호
①	6				
②		5	5	3	3
③	4				
④		3	3	2	3
⑤		1	1		
⑥	4				
⑦		3	3	2	3
⑧		1	1		

4) 퍼머넨트 웨이브의 오른쪽 가르마

(1) 브로킹 : 5등분

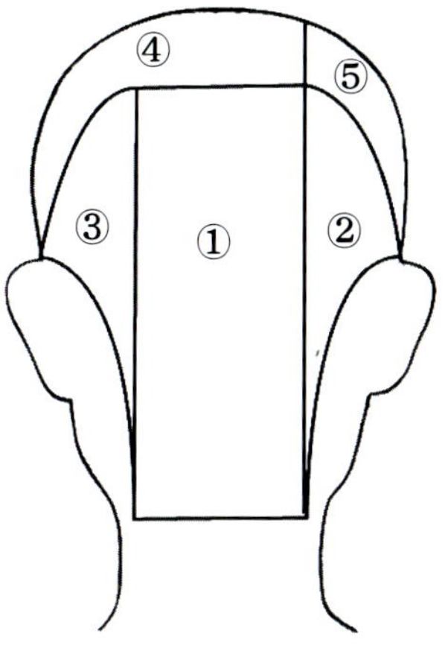

(2) 와인딩순서와 로드의 배열

순서 \ 로드의 수	6호	7호	8호	9호	10호
①	8	3	2	2	2
②	2	3	2	2	2
③	2	3	2	2	2
④	8	3	1		
⑤	2	3	1		

5) 퍼머넨트 웨이브의 왼쪽 가르마

(1) 브로킹 : 5등분

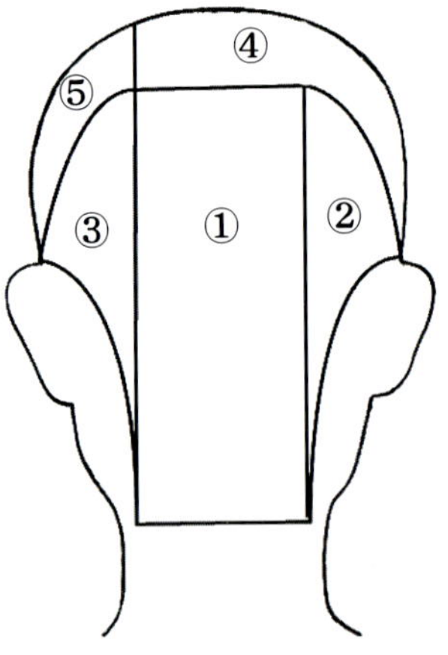

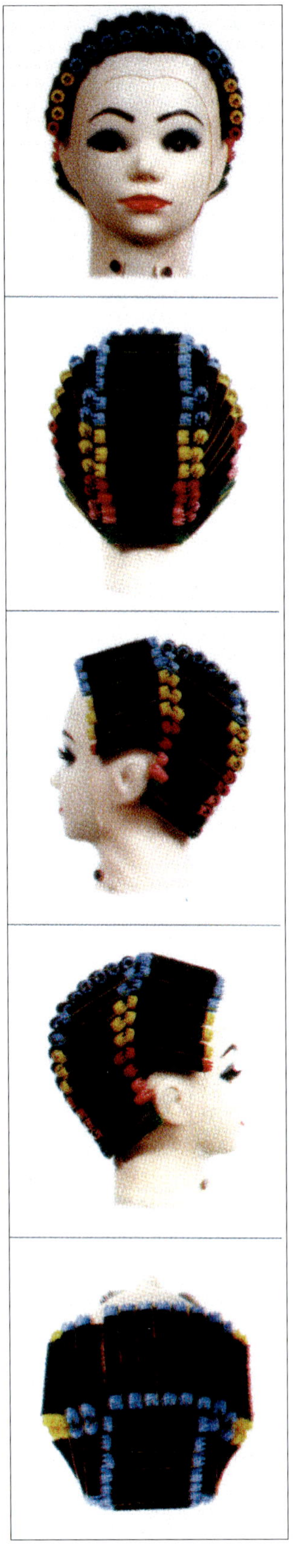

(2) 와인딩순서와 로드의 배열

로드의 수 / 순서	6호	7호	8호	9호	10호
①	8	3	2	2	2
②	2	3	2	2	2
③	2	3	2	2	2
④	8	3	1		
⑤	2	3	1		

6) 퍼머넨트 웨이브의 앞가르마

(1) 브로킹 : 5등분

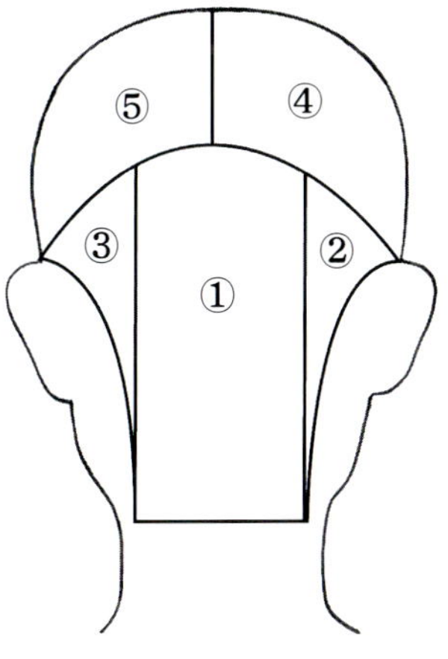

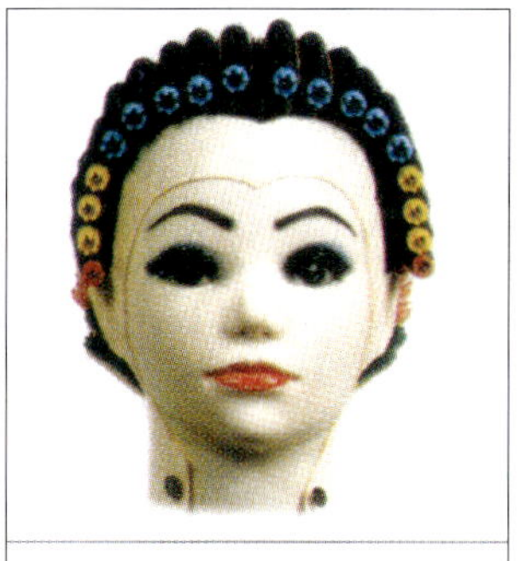

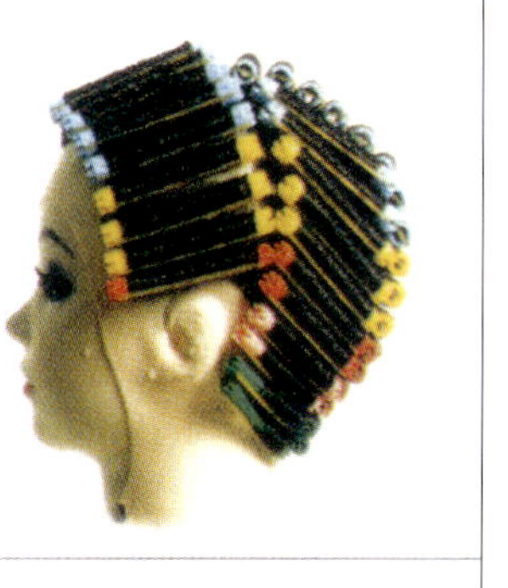

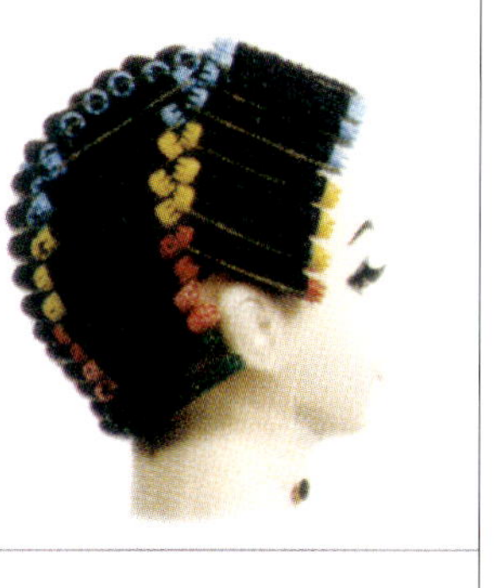

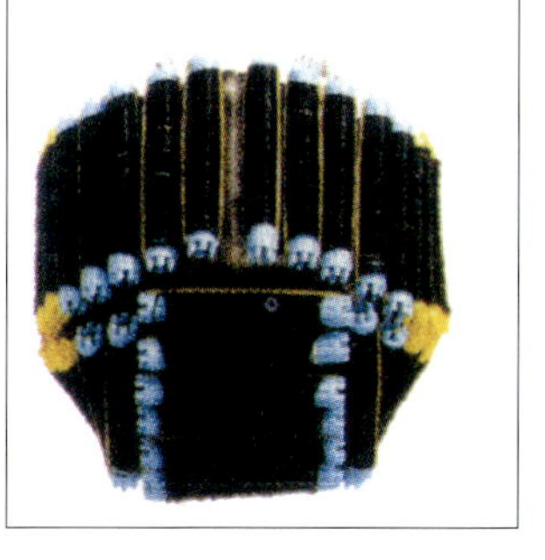

(2) 와인딩순서와 로드의 배열

로드의 수 / 순서	6호	7호	8호	9호	10호
①	8	3	2	2	2
②	2	3	2	2	2
③	2	3	2	2	2
④	5	3	1		
⑤	5	3	1		

찾아보기

ㅈ

ㅊ

ㅋ

ㅌ

ㅍ

ㅎ

INDEX

A

B

C

D

E

F

G

H

I

J

K

L

M

N

O

P

R

S

T

U

V

W

Art of Wave

2000년 3월 10일 초판발행
2001년 3월 10일 초판2쇄발행
2009년 8월 10일 초판3쇄발행
2012년 3월 10일 초판4쇄발행
2018년 8월 10일 초판5쇄발행

지은이 / 곽형심 · 김순희 · 전선정
펴낸이 / 이상태
펴낸곳 / 청구문화사
주　소 / (03706) 서울특별시 서대문구 성산로11길 15
전　화 / 02) 332-0541(代)　**팩　스** / 02) 337-9577
등　록 / 1990년 11월 2일 제9-247호

가격 25,000원

ISBN 978-89-5616-332-1 93590